KB244582

지금은,

줄리에뜨의 타르트 타임

장진숙 지음

동아일보사

TART

반죽으로 위를 덮지 않아
속재료가 그대로 드러나는 프랑스식 파이
속재료가 삐져나오지 않고
편하게 먹을 수 있게 하자는 생각에서 만들어진 것

한입에 쏙 넣을 수 있는
미니 사이즈부터
나이프로 잘라
조각 케이크처럼 먹는
커다란 사이즈까지

Petit=mini
지름 5cm

Small
지름 9cm

medium
지름 16cm

기본 틀은 유지하되 입맛에 따라 다양하게

즐길 수 있는 디저트계의 트랜스포머

버터 향 풍기는
부드러운 크림과

아찔하게 녹아드는
초콜릿

신선한 생과일

눈과 입
허전한 마음까지
채워주는

일 상 의   행 복

TART FOR YOU

결혼한 지 3년이 지나고 성악 공부를 위해 유학길에 오른 남편을 따라 프랑스 생활을 시작했습니다. 처음에는 집 안에 틀어박혀 남편이 돌아오기만을 기다렸어요. 말도 통하지 않은데다 도도해 보이는 프랑스 사람들을 마주하는 게 두려웠거든요. 하지만 매일 집에 틀어박혀 있으니 삶이 무료하더군요. 이유 없이 슬프고 초라하게 느껴졌지요.

어느 날 답답한 마음에 집 근처 교회를 찾아갔습니다. 교회를 다니며 자연스럽게 프랑스 사람과 어울렸어요. 함께 여행을 하고 집에 놀러 가기도 했지요. 프랑스 친구의 집에 가면 테이블 위에 늘 타르트가 있었어요. 마카롱을 즐겨 먹을 것 같았는데 정말 의외였지요. 친구에게 물어보니 프랑스 사람들은 타르트를 더 좋아한다고 하더군요. 보통 케이크나 마카롱은 관광객들 사이에서 유명할 뿐이고 정작 프랑스 사람들은 타르트를 최고의 디저트로 생각한다고요.

처음 타르트를 맛본 순간을 아직도 잊지 못해요. 입 안에서 터지는 생과일의 상큼함에 고소한 버터 향, 부드럽고 달콤한 크림까지 섞이며 온몸에 죽어 있던 신경이 깨어나는 느낌이 들었어요. 짜릿하고 기분까지 좋아졌지요. 프랑스 사람들이 왜 타르트를 좋아하는지 알겠더군요. 친구 집에 초대를 받으면 한 시간 정도 일찍 가서 타르트 만드는 방법을 배웠어요. 간단한 식빵조차 만들어본 적 없던 제가 하기에는 턱없이 어려웠지요. 하지만 정말 열심히 배웠습니다. 거의 매일 밤을 새우며 만들기를 반복했지요. 제가 만든 타르트를 누군가 맛있게 먹으면 무척 기뻤어요. '해냈다!'라는 성취감까지 들었지요. 무기력하게 보낸 시간들이 마치 다른 사람의 일처럼 느껴졌어요.

5년간의 프랑스 생활을 마치고 남편과 함께 한국으로 돌아왔지만 다시 프랑스행 비행기를 탔습니다. 매순간 최선을 다한 타르트 만들기를 이대로 멈출 수 없다고 생각했거든요. 파리 르 꼬르동 블루에서 페이스트리 전문 전 과정을 수료하고 제과의 전통이 그대로 남아 있고 미식자들이 극찬하는 그곳 캐나다 몬트리올로 떠났어요. 무작정 제과점으로 찾아가 일을 하게 해달라고 사정을 했지요. 동양 여자가 찾아와 다짜고짜 일을 알려달라고 하니 내켜하지 않더군요. 그러나 무보수로라도 일을 하겠다고 말하자 제 열정을 높이 샀는지 흔쾌히 허락을 했습니다. 힘들고 치열한 시간이었지만 한 순간도 후회한 적은 없어요. 적지 않은 나이에도 무언가에 열정을 가지고 배울 수 있다는 자체가 감사하고 행복했으니까요.

캐나다에서 돌아와 방배동 서래마을에 타르트 전문숍 〈줄리에뜨〉를 오픈했어요. 프랑스와 캐나다에서 사용하던 가구와 소품으로 공간을 채우고 타르트를 처음 만들었을 때의 추억과 감동을 떠올리며 열심히 타르트를 굽고 있어요. 맛있게 먹었다며 다시 찾아주는 손님을 보며 매일을 행복하게 보내고 있지요. 그리고 이 행복을 보다 많은 사람과 나누기 위해 애지중지하는 레시피들을 한 권의 책에 담기로 했습니다. 《줄리에뜨의 타르트 타임》.

타르트의 기본부터 섬세한 감각과 기술을 요하는 고급 레시피까지 다양한 난이도의 메뉴들로 구성했어요. 누구나 부담없이 손쉽게 만들 수 있는 것, 조금은 특별해서 하나쯤 익혀두고 싶은 것, 줄리에뜨의 인기 메뉴와 단골 손님도 모르는 비밀 레시피까지 알차게 담았습니다.

타르트는 소소한 행복, 작은 정성을 상징하는 음식으로 표현되는 경우가 많지요. 이 책이 먹는 사람에게도, 만드는 사람에게도 감동을 선사하는 행복 레시피가 되기를 바랍니다.

juliette 장진숙

CONTENTS

PART 1

따뜻한 티타임이 생각날 때
프레시타르트

JULIETTE'S SECRET NOTE 줄리에뜨의 시크릿 노트

20년 전 유럽에는 타르트가 잘 알려져 있었지만 한국에서는 생소한 디저트였어요. '타르트'라는 이름조차 모르는 사람이 많았지요. 프랑스에서 처음 타르트를 맛보고 그 매력에 빠져 본격적인 공부를 시작했을 때 목표는 오직 하나, '한국 사람이 가장 사랑하는 타르트 가게를 열자'였어요. 맛있고 멋진 타르트를 한국 사람에게도 꼭 맛보이고 싶었거든요. 한 입 베어 물었을 때 입 안 가득 퍼지는 타르트만의 달콤함도 함께 느끼고 싶었지요. 그러기 위해서는 프랑스와 캐나다에서 배운 레시피를 한국 사람의 입맛에 맞게 보강하고 수정하는 과정이 필요했어요. '한국인 입맛에 맞추되 타르트의 고유성을 지키자'라는 신념으로 열심히 연구하고 공부했지요. 생각처럼 되지 않아 좌절도 했었어요. 그럴 때마다 무엇이 문제인지 처음부터 다시 생각해보려고 노력했지요.

저는 지금도 공부하고 있어요. 새로운 재료와 소스를 개발하고 최신 기계도 사용해요. 하지만 줄리에뜨 타르트 만들기의 기본이자 핵심 비법은 변하지 않아요. 도구와 재료를 다양하게 활용하고 응용하기. 한 번도 공개하지 않은 줄리에뜨만의 노하우로 그 방법을 시크릿 노트에 모두 담았어요. 비싼 도구와 손재주가 없어도 누구나 따라 할 수 있어요.

01

타르트를 완전히 식힌 후 틀에서 빼요

타르트 반죽 위에 소스와 재료를 담아 구울 때 재료의 수분과 무게 때문에 타르트지가 눅눅해질 수 있어요. 구운 후 틀째로 식혀야 바삭하고 예쁜 모양이 유지돼요.

02

마스카포네치즈를 사용해요

티라미수 치즈크림을 만들 때 마스카포네치즈를 사용해요. 고소하고 풍미가 진해 다른 재료를 섞지 않아도 깊은 맛을 낼 수 있어요.

03

생크림은 최대 80% 정도만 거품을 내요

너무 단단하게 거품을 내면 거칠어져서 다른 재료와 섞이지 않아요. 빠른 시간 안에 거품을 낼 때는 핸드믹서를 사용하고, 온도가 높은 날은 볼을 얼음물에 담갔다가 거품을 내요. 크림이 분리되는 현상을 막을 수 있어요.

04

반죽을 만들 때 믹서기를 사용하지 않아요

믹서기로 반죽을 하면 시간이 절약되지만 재료가 어떻게 섞이는지, 무엇이 부족한지 정확히 알지 못해요. 주걱, 거품기, 손으로 섞으면 반죽의 상태를 직접 느낄 수 있어 추가하거나 빼야 할 재료를 정확하게 파악할 수 있지요. 조금 힘은 들지만 손맛이 더해져 타르트지가 더 바삭하고 맛있어져요.

05

반죽을 성형할 때 중간 중간 냉장고에 넣어요

작업 중 버터가 녹아서 타르트지가 물렁거리는 경우가 많아요. 중간 중간 냉장고에 넣어가며 차가운 상태로 만들어 작업하세요. 반죽이 깔끔해지고 바삭한 질감도 제대로 느낄 수 있어요.

06

친환경 재료를 사용해요

타르트를 맛있게 만드는 가장 기본이에요. 20년 동안 한 번도 어기지 않았지요. 단독으로 사용해도 좋고 크림으로 만들어도 맛있어요.

07

스펀지를 넣어요

바삭하고 딱딱한 타르트지 특성상 크림과 부재료 선택이 까다롭지요. 몽블랑, 티라미수타르트를 만들 때 스펀지를 넣으면 식감이 부드럽고 맛도 고소하고 담백해져요.

08

설탕을 줄여요

설탕을 넣어야 한다면 유기농 설탕을 사용해요. 과일 타르트는 크림을 많이 올리면 과일 맛이 사라지기 쉬우니 중간 중간 맛을 보며 크림의 양을 조절하세요.

09

레몬을 애용해요

소스에 레몬을 넣어요. 재료의 잡냄새를 잡아주거든요. 레몬은 껍질과 즙을 모두 사용하는데 껍질은 겉의 노란층만 사용해요. 노란 껍질 속의 흰색 껍질은 쓴맛이 나요.

B A S I C 도구와 재료

만드는 과정을 편리하게 도와주는 도구와 소량이지만 꼭 넣어야 하는 재료를 소개합니다.

누름돌
반죽이 들뜨지 않게 눌러주는 역할을 한다. 구워지면서 과하게 부풀어 오르는 것을 방지할 수 있다. 콩이나 쌀을 대신 사용해도 좋다.

볼
스테인리스와 유리로 만든 볼을 크기별로 갖추고 있으면 좋다. 반죽할 때는 3,000㎖ 정도로 크기가 넉넉한 볼이 편하고 재료를 계량할 때는 작은 볼이 유용하다.

모양 틀
동그란 모양을 찍어낼 때 사용한다. 접시나 냄비뚜껑으로 대체해도 좋다.

타르트 틀
반죽을 넣고 굽는 그릇으로 모양을 잡아준다. 타르트 틀이 없다면 오븐 전용 용기를 사용해도 좋다. 보통 코팅된 절제로 되어 있으며 크기와 모양이 다양하다.

저울
재료의 용량을 잴 때 대부분 g단위로 한다. 액체 역시 g단위로 측정해서 정확하게 넣어야 하므로 1g 단위로 표시되는 전자저울을 사용하면 편리하다.

스크래퍼

반죽을 섞을 때, 자를 때,
긁어모을 때, 모양을 낼 때
쓰인다.

주걱

부서지기 쉬운 재료를 섞거나
재료를 깨끗하게 긁어낼 때
사용한다. 주로 플라스틱으로
된 것을 사용하며 뜨거운 것을
섞을 때는 나무로 된 것을 쓴다.

밀대

나무로 된 두툼한 밀대와 얇은 밀대가 많이
쓰인다. 반죽을 평평하게 하고 넓게 밀
때 필요하며 반죽을 자를 때 막대자 대신
기준선으로 대고 사용해도 좋다.

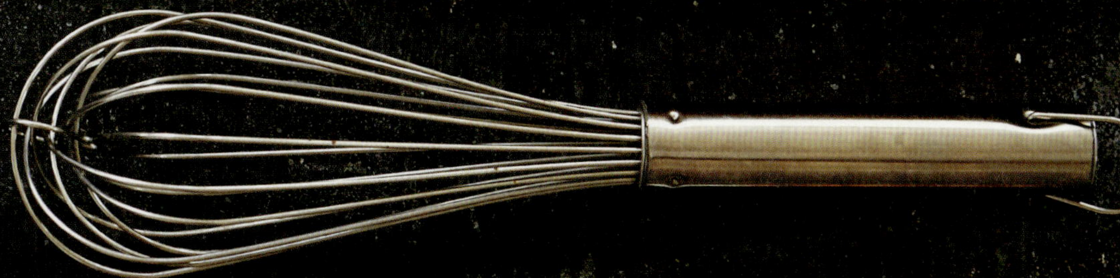

거품기

반죽을 섞을 때, 특히
액체류를 섞을 때 필요하다.
여러 가지 크기가 있으므로
볼 크기에 맞게 사용한다.

붓

시럽을 바를 때 사용한다.

밀가루
점성이 적어 구웠을 때
바삭한 박력분을 주로
사용한다. 바닥에 들러붙지
않을 용도로는 강력분을
사용한다.

우유
부드러운 풍미를 느끼게 하고
빵이나 케이크를 만들 때
수분 조절 용도로 사용한다.
지방 함량이 다르므로 용도에
맞추어 선택한다.

설탕
반죽에 단맛을 주고 향을
내며 노릇하고 맛있는 색을
낸다.

버터
상온 상태의 버터, 끓여서
쓰는 버터, 차가운 버터 등
사용할 때마다 달리 쓰인다.
주로 무염버터를 사용하며
신선한 제품을 선택한다.

소금
짭조름한 맛과 함께
단맛의 밸런스를 잡아주는
역할을 한다.

달걀
다른 재료들과 합쳐져
반죽의 조직을 형성한다.
100% 익혀 사용하지
않으므로 반드시 신선하고
질 좋은 것을 선택한다.

슈가파우더
설탕을 곱게 갈아놓은
형태로 반죽에 빠르게
스며든다. 수분이 적은
반죽에 사용하기 좋다.

B A S I C 기본 타르트지 만들기

타르트지는 밀가루와 버터, 달걀노른자를 주재료로 해서 만들어요. 크게 파트 쉬크레, 파트 브리제, 파트 사블레로 나눌 수 있는데 어떤 크림과 부재료를 넣느냐, 재료를 어떻게 배합하느냐에 따라 식감과 맛이 전혀 달라지죠. 지금부터 타르트지를 만들 때 주로 사용하는 기본 레시피를 소개할게요. 제대로 익혀두면 타르트는 물론 쿠키를 만들 때도 응용할 수 있어요.

[파트 쉬크레]

어떤 재료와도 잘 어울리는 가장 대중적인 타르트 반죽이에요. 바삭하고 달콤해 인기 있지요. 성형하려면 글루텐의 힘이 필요하기 때문에
버터, 달걀노른자, 밀가루 순으로 섞어요. 버터, 달걀의 수분과 밀가루가 합쳐지면 글루텐이 형성되어 반죽이 적당히 단단해져요. 재료는
모두 실온 상태로 준비하고 달걀은 충분히 휘핑해 부드럽게 만들어주세요.

● ingredient (S—15개, M—5개)

밀가루(박력분) 300g,
버터(무염버터) 150g,
달걀노른자 3개, 슈가파우더 120g,
소금 4g, 바닐라슈가 10g

● making point

반죽	성형	굽기
30분	5분	S—30분 M—40분

● tip

버터는 실온에 두어 손가락이 들어갈
정도로 부드러운 것을 사용해요.

반죽을 너무 많이 치대면 글루텐이
형성되어 바삭한 질감이 덜해요.
밀가루가 보이지 않을 정도로만 섞어요.

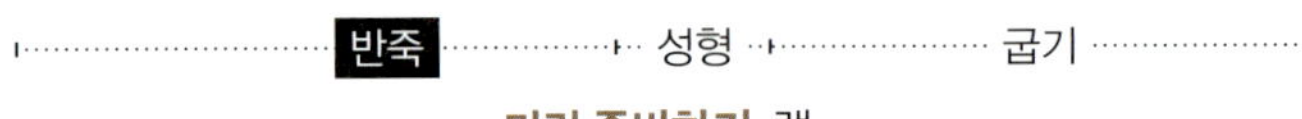

미리 준비하기 랩

1 볼에 버터를 넣는다.

2 손가락으로 눌러가며
크림화시킨다.

3 달걀노른자를 넣고
섞는다.

4 크림색으로 변하면 슈가파우더와 소금, 바닐라슈
가를 넣고 섞는다.

5 밀가루를 체로 쳐 넣
는다.

6 가볍게 섞은 뒤 손바닥으로 짓이기듯 누른다.

7 뭉쳐서 랩으로 싼 뒤 냉장고에 넣고 하루 동안 휴
지시킨 다음 사용한다.

| 냉장고에서 꺼낸 직후에는 반죽이 단단해져
있기 때문에 손으로 만지면서 부드럽게 풀어줘야
성형할 때 터지지 않고 매끄럽게 밀려요.

미리 준비하기 밀대, 포크, 모양 틀, 타르트 틀

1 바닥에 덧밀가루를 뿌린다.

2 반죽을 떼어내(S-50g, M-150g) 덧밀가루 위에 올린 뒤 모서리를 돌려가며 동그란 모양으로 만든다.

3 손바닥으로 윗면을 가볍게 눌러 평평하게 만든다.

4 바닥에 덧밀가루를 다시 뿌린다.

5 반죽을 올리고 덧밀가루를 뿌린 뒤 손가락으로 뭉친 부분을 편다.

6 밀대를 이용해 두께 0.3cm 정도로 밀어준다. 반죽이 밀대에 달라붙으면 반죽 위에 덧밀가루를 뿌린다.

7 포크로 콕콕 찍는다.

8 만들고 싶은 타르트 사이즈보다 지름이 2~3cm 큰 틀로 찍어낸다.

9 타르트 틀 바깥쪽 반죽을 떼어낸 뒤 반죽을 밀대에 돌돌 말아준다.

10 원하는 사이즈의 타르트 틀 위에 밀대를 놓고 반죽을 푼다.

11 가장자리를 눌러 타르트 틀보다 약간 올라오게 붙인다.

12 냉장고에 15분 정도 넣어 차게 만든다.

미리 준비하기 오븐 철판, 유산지, 누름돌, 180℃로 예열한 오븐

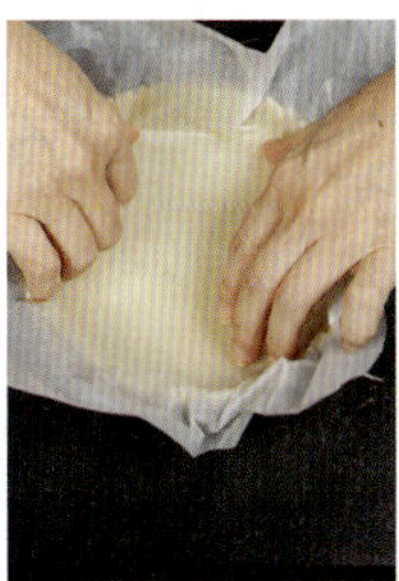  

1 타르트지 안에 유산지를 깐다.

2 누름돌을 채워 넣은 뒤 180℃로 예열한 오븐에서 구워낸다(S-30분, M-40분).

3 식으면 누름돌을 뺀다.

[파트 브리제]

단맛이 강한 크림이나 부재료와 잘 어울려요. 설탕이 적게 들어가 글루텐이 쉽게 생기므로 볼에 버터와 밀가루를 넣고 버터를 자르듯이 섞어요. 그 후에 달걀과 물을 넣어야 더욱 바삭해져요. 소금의 양을 늘려 키쉬나 요리용 반죽으로도 사용해요.

● ingredient (S—15개, M—5개)	● making point	● tip
밀가루(박력분) 300g, 버터(차가운 상태) 180g, 설탕 40g, 바닐라빈 약간, 달걀 2개, 물 1Ts	반죽 / 성형 / 굽기 30분 / 5분 / S—30분 M—40분	버터, 달걀, 물은 작업하기 전까지 차게 두세요. 반죽을 너무 치대면 구웠을 때 딱딱해지니 레시피를 보고 반죽이 한덩어리로 뭉쳐질 정도로만 치대세요. 남은 반죽은 냉장고에 보관한 뒤 상온에서 잠깐 녹여 밀대로 밀어 다시 사용해도 좋아요.

반죽 ········· 성형 ····· 굽기 ·········

미리 준비하기 스크래퍼, 랩

1 차가운 버터를 깍둑썰기해 넣는다.

2 밀가루와 설탕을 체로 쳐 볼에 넣는다.

3 스크래퍼로 자르듯 섞는다.

4 바닐라빈을 반으로 가른다.

5 씨 부분을 칼끝으로 긁어 **4**의 볼에 넣는다.

6 달걀을 넣고 스크래퍼로 자르듯 섞는다.

7 물을 넣는다.

8 손으로 가볍게 섞는다.

9 손바닥으로 짓이기듯 누른다.

10 뭉쳐서 랩으로 싼 뒤 냉장고에 넣고 하루 동안 휴지시킨 다음 사용한다.

미리 준비하기 스크래퍼, 밀대, 포크, 모양 틀, 타르트 틀

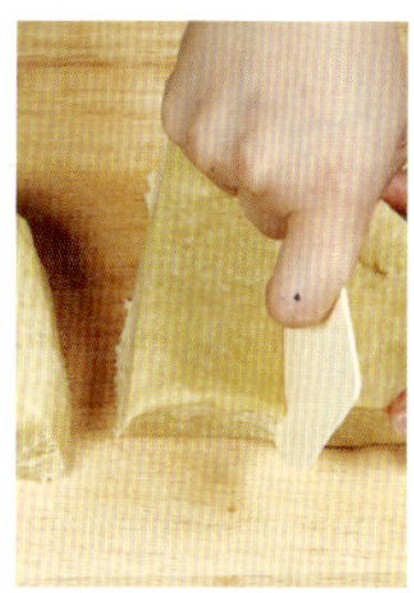  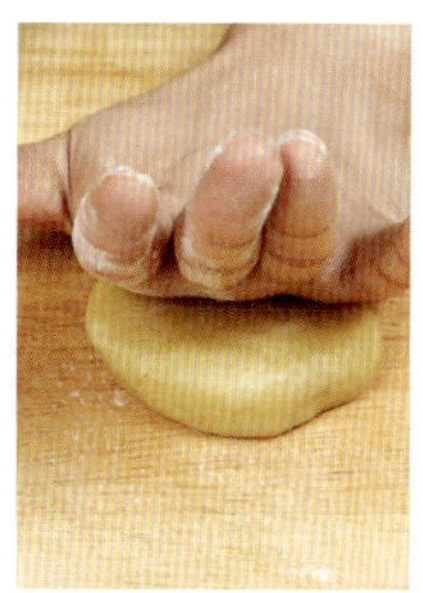   

1 스크래퍼로 반죽을 S—50g, M—150g 정도씩 등분한다.

2 모서리를 돌려 동그란 모양으로 만든다.

3 손바닥으로 윗면을 가볍게 눌러 평평하게 만든다.

4 바닥에 덧밀가루를 뿌리고 반죽을 올린다.

5 반죽 위에 덧밀가루를 다시 한 번 뿌린다.

6 밀대를 이용해 두께 0.3cm 정도로 밀어준다.

7 포크로 콕콕 찍는다.

8 만들고 싶은 타르트 사이즈보다 지름이 2~3cm 더 큰 타르트 틀로 찍어낸다.

9 틀 바깥쪽 반죽을 떼어낸다.

10 원하는 사이즈의 타르트 틀 위에 반죽을 넣는다. 가장자리를 눌러 타르트 틀보다 약간 올라오게 붙인다.

11 냉장고에 15분 정도 넣어 차게 만든다.

미리 준비하기 오븐 철판, 유산지, 누름돌, 180℃로 예열한 오븐

타르트지 안에 유산지를 깔고 누름돌을 넣은 뒤 180℃로 예열한 오븐에 구워낸다(S—30분, M—40분). 식으면 누름돌을 뺀다.

[파트 사블레]

파트 쉬크레보다 더 부서지기 쉬운 타르트지로 설탕, 달걀, 버터를 많이 사용해요. 식감이 부드러워 촉촉한 쿠키를 만들 때도 활용하지요.
액체 재료가 달걀밖에 없기 때문에 반죽이 잘 뭉치지 않아요. 손바닥으로 짓이기듯 누르며 반죽하세요.

● ingredient(S-12개, M-4개)	● making point	● tip
밀가루(박력분) 250g, 버터 150g, 슈가파우더 100g, 바닐라슈가 10g, 달걀 1개		밀가루(박력분)는 꼭 체에 쳐서 사용하세요. 덧밀가루를 자주 많이씩 뿌리면 맛이 변할 수 있어요. 필요할 때 조금씩 뿌리는 게 좋아요.

반죽	성형	굽기
30분	5분	S-30분 M-40분

반죽 ……… › 성형 › ……… 굽기 ………

미리 준비하기 스크래퍼, 랩

1 버터를 깍둑썰기한다.

2 볼에 체에 친 밀가루를 넣는다.

3 버터를 넣고 스크래퍼로 자르듯이 섞는다.

4 볼에 슈가파우더, 바닐라슈가를 넣고 스크래퍼로 섞는다.

 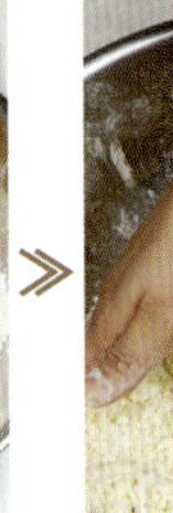   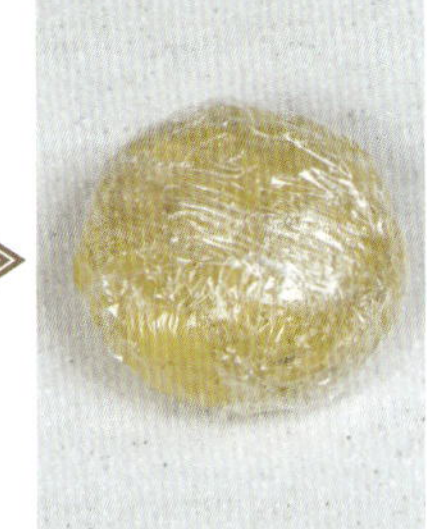

5 달걀을 넣고 스크래퍼로 자르듯이 섞은 뒤 손바닥으로 짓이기듯 누른다.

6 뭉쳐서 랩으로 싼 뒤 냉장고에 넣고 하루 동안 휴지시킨 다음 사용한다.

미리 준비하기 밀대, 포크, 모양 틀, 타르트 틀

1 바닥에 덧밀가루를 뿌린 뒤 반죽을 떼어내 (S-50g, M-150g) 덧밀가루 위에 올린다.

2 모서리를 돌려가며 동그란 모양으로 만들고 손바닥으로 윗면을 가볍게 누른다.

3 반죽을 올리고 덧밀가루를 한 번 더 뿌린다.

4 밀대를 이용해 두께 0.3cm 정도로 밀어준다.

5 포크로 콕콕 찍는다.

6 만들고 싶은 타르트 사이즈보다 지름이 2~3cm 더 큰 틀로 찍어낸다.

7 가장자리를 떼어낸 뒤 반죽을 밀대에 돌돌 말아준다.

8 원하는 사이즈의 타르트 틀 위에 밀대를 놓고 반죽을 푼다.

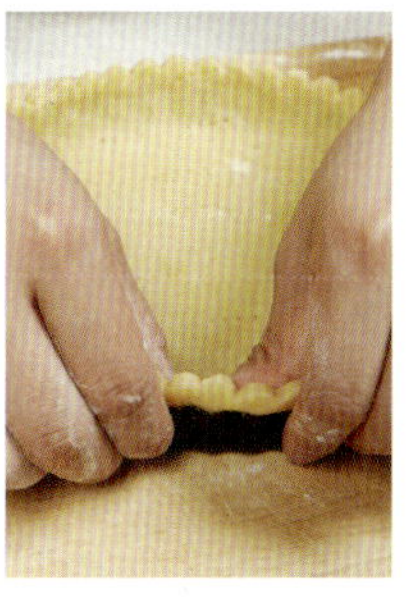

9 가장자리를 눌러 타르트 틀보다 약간 올라오게 붙인 뒤 냉장고에 15분 정도 넣어 차게 만든다.

미리 준비하기 오븐 철판, 유산지, 누름돌, 180℃로 예열한 오븐

1 타르트지 안에 유산지를 깔고 누름돌을 넣는다.

2 180℃로 예열한 오븐에서 구워낸다(S-30분, M-40분). 식으면 누름돌을 뺀다.

TART FOR YOU & US

지금부터 일상이 행복해지는 타르트 만들기를 시작합니다.
시작하기 전에 꼭 알아야 할 포인트를 소개해요.
오븐 예열, 정확한 계량, 베이킹 용어 등 사소해보이지만
미리 익혀두면 만들 때 큰 도움이 될 거예요.

MAKING POINT

설탕과 버터는 3~4번 나누어 넣어요

설탕이 완전히 녹아 다른 재료와 잘 섞이고 버터가 분리되는 것을 방지할 수 있어요.

모든 가루류는 체에 쳐서 넣어요

가루류에 들어 있는 이물질을 제거하고 가루 사이에 공기를 넣어 덩어리지는 것을 막을 수 있어요. 입자가 큰 가루류는 체에 내리지 않고 그대로 사용해요.

믹서기의 비터(거품기)는 직각으로 세워서 사용해요

비터를 그릇에 직각으로 세워서 써야 재료가 밖으로 튀지 않아요. 비터를 바닥에 대고 세게 돌리면 쇠소리가 심하게 나니 주의하세요.

타르트 가장자리가 갈색으로 변하면 오븐에서 빼요

가장자리가 연갈색으로 변하면 타르트가 속까지 다 익었다는 신호예요. 오븐 타이머를 맞춰놓고 꺼내기 전에 눈으로 확인하는 게 가장 정확해요.

타르트지 위에 수분이 많은 크림이나 과일을 올릴 때 나파주를 발라요

타르트지가 눅눅해지지 않게 코팅해주고 재료를 달라붙게 하는 역할을 해요.

베이킹 용어를 미리 익혀요

크림화한다 생크림, 우유, 달걀, 설탕을 섞을 때 재료 안에 공기가 들어가게 거품을 내는 것

휴지시킨다 글루텐(끈적끈적한 성질의 단백질)을 안정시켜 성형하기 쉬운 상태가 되도록 반죽을 쉬게 하는 것

성형한다 반죽으로 일정한 모양을 만드는 것

오븐은 반드시 예열해서 사용해요

미리 예열한 오븐에 타르트를 넣어야 내용물이 골고루 잘 익고 만드는 시간도 절약할 수 있어요.

밀가루는 박력분을 사용해요

점성이 적어 구웠을 때 더 바삭해요.

재료의 용량은 정확하게 지켜요

정확한 계량은 베이킹의 기본이지요. 재료가 아주 조금 들어가도 꼭 레시피를 따라 계량해요. 계량한 재료는 고무주걱으로 바닥까지 긁어서 넣어요. 아주 작은 양이라도 임의로 조절하면 실패의 원인이 될 수 있어요.

오븐 철판, 빵 틀에 반죽을 넣고 구울 때 버터를 발라 사용해요

오븐 철판 안쪽에 얇게 버터를 발라야 구운 뒤 쉽게 떼어낼 수 있어요. 붓을 이용하거나 손가락으로 문질러 발라요.

FRESH TART

따뜻한 티타임이 생각날 때

부드럽고 달달한 크림과 제철 과일의 환상적인 조화.
단맛을 잡고 풍미를 돋울 티와
잘 어울리는 과일타르트부터 시작해봅니다.

HEALING TIME WITH WARM AND SWEET TEA

레몬타르트

레몬의 새콤함과 머랭의 달콤한 맛이 잘 어우러지는 타르트예요.
레몬 크림을 오랫동안 매끄럽게 섞으면 생크림을 넣은 타르트처럼 부드럽지요.
천연 레몬즙을 사용하면 진한 레몬 향을 느낄 수 있어요.

◉ ingredient(S-10개, M-3개)

레몬 크림
레몬 4개(레몬즙 100g),
버터 65g,
설탕 176(88+88)g,
달걀 3개,
젤라틴 4g(판젤라틴 2장),
레몬 제스트(레몬 1/2개의
껍질을 간 것)

이탈리안 머랭
설탕 240(180+60)g, 물 60g,
달걀흰자 120g, 레몬즙 5g

레몬 장식
레몬 1개, 설탕 100g, 물 100g

조립하기
나파주

◉ making point

파트 브리제 반죽으로 만든 타르트지	레몬 크림	이탈리안 머랭	레몬 장식	조립하기
75분 (굽기 S-30분, M-40분)	30분	15분	15분	5분

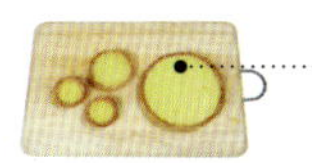 레몬 크림을 제일 먼저 만들어 냉장보관해놓으세요.

| **파트 브리제 반죽으로 만든 타르트지** | 레몬 크림 | 이탈리안 머랭 | 레몬 장식 |

미리 준비하기 180℃로 예열한 오븐

파트 브리제 반죽을 만들어 냉장고에 넣는다. 타르트 틀에 반죽을 성형해서 넣고, 냉장고에서 15분 정도 휴지시킨 뒤 꺼내어 유산지를 깔고 누름돌을 넣는다. 180℃로 예열한 오븐에서 구워낸다. (24페이지 참고)

| 파트 브리제 반죽으로 만든 타르트지 | **레몬 크림** | 이탈리안 머랭 | 레몬 장식 |

미리 준비하기 레몬 스퀴저

1   레몬을 반으로 자른다.
2   레몬 스퀴저에 올려 좌우로 돌려가며 레몬즙을 짠다.
3   냄비에 레몬즙과 버터, 설탕 88g을 넣고 주걱으로 섞은 뒤 센불에서 끓인다.
4   볼에 달걀을 넣고 거품기로 섞는다.
5   **4**에 설탕 88g을 넣고 크림색이 될 때까지 거품기로 섞는다.
6   볼에 찬물을 담은 뒤 젤라틴을 넣고 불린다.
     따뜻한 물에 불리면 젤라틴이 녹으니 찬물에 넣고 부드러운 상태로 만들어요.
7   **5**의 볼에 **3**을 넣으면서 거품기로 섞는다.
8   레몬 제스트를 넣고 거품기로 섞는다.
9   젤라틴을 체에 건져 물기를 뺀다.
10 **8**에 젤라틴을 넣고 녹을 때까지 거품기로 섞는다.

⬤ **baking tip**

| 이탈리안 머랭

달걀흰자를 휘핑한 뒤 약 120℃ 정도로 끓인 설탕시럽을 부어요. 보통 달걀흰자 2에 설탕 1, 물은 설탕의 1/3의 비율로 만들며 이탈리안 머랭이 달다고 설탕의 양을 줄이면 비린내가 나요. 크림이나 무스 등에 사용해요.

1
2
3
3-1
3-2
4
5
5-1
5-2
6
7
8
9
10

1　2　3　4　5　6

| 파트 브리제 반죽으로 만든 타르트지 | 레몬 크림 | **이탈리안 머랭** | 레몬 장식 |

미리 준비하기 온도계, 믹서기

1　설탕 180g과 물을 냄비에 넣고 센불에서 끓인다.
2　**1**의 냄비가 105~110℃ 정도 되면 볼에 달걀흰자를 넣고 믹서기로 섞는다.
3　잔거품이 일면 설탕 60g을 3~4회 나누어 넣으며 계속 거품을 낸다.
4　**1**의 온도가 120℃까지 오르면 **3**의 볼에 조금씩 넣으며 거품을 낸다.
5　레몬즙을 넣는다.
6　크림이 새 부리 모양으로 뭉쳐나올 때까지 거품을 낸다.
　　온도계를 넣고 35℃가 되면 꺼내요.

| 파트 브리제 반죽으로 만든 타르트지 | 레몬 크림 | 이탈리안 머랭 | **레몬 장식** |

미리 준비하기 레몬 슬라이서, 유산지

1　레몬 껍질을 얇게 슬라이스한다.
2　슬라이스한 레몬 껍질, 설탕, 물을 차례대로 냄비에 넣고 끓인다.
3　거품이 나며 끓으면 유산지로 덮은 뒤 한소끔 더 끓인다.
4　레몬 껍질이 투명해지면 꺼내서 체에 올려 식힌다.

1　2　2-1　2-2　3　4

미리 준비하기 짤주머니, 별 깍지, 토치

1 파트 브리제 반죽으로 구워낸 타르트지 안에 나파주를 바른다.
2 레몬 크림을 가득 부어 냉장고에서 1시간 이상 굳힌다.
3 짤주머니에 별 깍지를 끼운 뒤 이탈리안 머랭을 넣고 달팽이 모양으로 짠다.
4 토치로 색을 낸다.
5 레몬 장식을 가위로 잘게 썰어 올린다.

1

2

2-1

3

4

5

딸기타르트

새하얀 생크림 대신 달걀노른자를 사용한 크렘 무슬린으로 딸기 타르트를 만들어요.
크렘 파티시에르는 프랑스 제과에서는 절대 빠지지 않는 크림으로 냉장보관도 가능해요. 고소한 맛을 느끼고 싶다면 우유를,
상큼함을 더하고 싶다면 생과일 차를 곁들이세요.

크렘 파티시에르

바닐라빈 1/2개, 우유 250g,
설탕 60(30+30)g, 달걀노른자 2개,
밀가루 10g, 전분 10g

크렘 무슬린

크렘 파티시에르 350g,
버터(실온 상태) 63g

조립하기

딸기, 나파주,
피스타치오 가루

파트 쉬크레 반죽으로 만든 타르트지　　크렘 파티시에르　크렘 무슬린　조립하기

75분
(굽기 S—30분, M—40분)　　　　　15분　　　10분　　5분

 크렘 무슬린은 크렘 파티시에르와 버터를 섞어 만들어요.

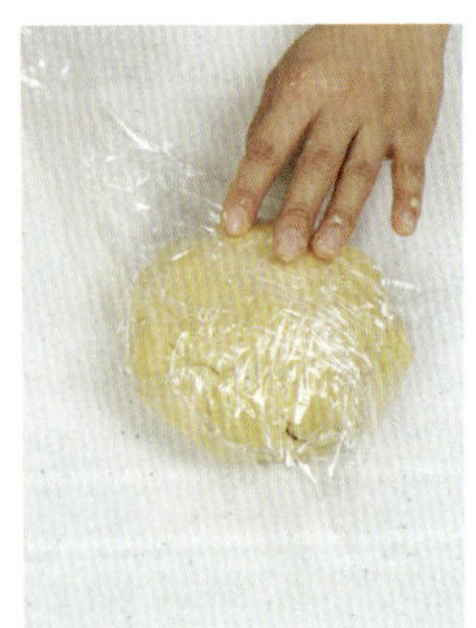 

파트 쉬크레 반죽으로 만든 타르트지　｜ 크렘 파티시에르　｜ 크렘 무슬린　｜

미리 준비하기 180℃로 예열한 오븐

파트 쉬크레 반죽을 만들어 냉장고에 넣는다. 타르트 틀에 반죽을 성형해서 넣고, 냉장고에서
15분 동안 휴지시킨 뒤 꺼내어 유산지를 깔고 누름돌을 넣는다. 180℃로 예열한 오븐에서
구워낸다. (22페이지 참고)

미리 준비하기 랩

1 바닐라빈을 반으로 가른다.

2 씨 부분을 칼등으로 긁어낸다.

3 냄비에 우유와 바닐라빈, 설탕 30g을 넣고 센불에 올려 거품기로 섞으며 끓인다.

4 볼에 달걀노른자를 넣고 거품기로 섞는다.

5 설탕 30g을 넣고 거품기로 섞는다.

6 밀가루와 전분을 넣고 크림색이 될 때까지 거품기로 섞는다.

7 **3**의 냄비가 끓으면 **6**의 볼에 넣고 거품기로 섞는다.

8 크림색이 되면 냄비에 옮겨 중불에서 졸인다.

9 걸죽해지면 불에서 내려 볼에 담는다.

10 크림 윗부분에 랩을 붙여 공기를 차단한 뒤 차가운 곳에 두고 식힌다.

  남은 크림은 2일 정도 냉장보관할 수 있어요.

1	2	3	3-1	3-2
4	5	6	6-1	7
8	9	9-1	10	

파트 쉬크레 반죽으로 만든 타르트지 | 크렘 파티시에르 | **크렘 무슬린**

1 크렘 파티시에르 350g을 거품기로 부드럽게 풀어준다.
2 버터를 5~6번 나누어 넣으며 섞으면서 크림화시킨다.

1

2

2-1

조립하기

1 딸기 꼭지를 자른다.
2 파트 쉬크레 반죽으로 구워낸 타르트지에 안에 나파주를 바른 뒤 크렘 무슬린을 가득 담는다.
3 중앙에 딸기를 하나 올린다.
4 남은 딸기를 반으로 자른 뒤 중앙에 올린 딸기를 감싸며 타르트지 가장자리까지 빼곡하게 올린다.
5 나파주를 끓여 거품이 나면 딸기가 올라간 부분에 바른다. 취향에 따라 피스타치오 가루를 뿌려도 좋다.
| 판매하는 나파주 대신 살구와 사과를 함께 끓인 뒤 체에 걸러 만든 나파주를 사용해도 좋아요.

baking tip

| 크렘 파티시에르

베이킹을 할 때 사용하는 기본 크림으로 바닐라 향이 강하게 나요. 매끈하게 만들려면 밀가루를 확실히 익히는 게 중요해요. 주걱으로 떠보았을 때 가볍고 윤기가 날 때까지 익히세요. 만들 때 바닥이 둥근 냄비를 사용하는 게 좋아요.

| 크렘 무슬린

크렘 파티시에르에 향이 좋은 발효 버터를 섞어 만들어요. 달콤하고 부드러운 바닐라 향이 포인트로 밀푀유, 딸기 케이크를 만들 때도 사용해요. 거품기로 직접 섞으며 색과 질감을 확인하세요.

1
2
2-1
2-2
3
4
5
5-1

초코오렌지타르트

쫀득하게 씹히다가 부드러워지면서 어느새 살살 녹아내리는 중독성 강한 타르트예요.
초콜릿과 캐러멜이 들어가니 은은한 향과 맛의 캐모마일 티를 곁들이면 깔끔하게 즐길 수 있지요. 국화꽃 알레르기가 있거나
임신 중인 사람은 민트 티를 추천해요. 만들어서 냉장고에 하루 보관한 뒤 먹으면 숙성되어 더욱 깊은 맛이 나요.

● ingredient(S—10개, M—3개)

아몬드 캐러멜
아몬드 200g, 설탕 100g, 물 40g

비스퀴 오 쇼콜라
아몬드가루 82g, 카카오가루 30g,
밀가루 8g, 슈가파우더 90g,
달걀흰자 142g, 설탕 165g

캐러멜 소스
설탕 100g,
생크림(미지근한 상태) 50g,
버터 10g

오렌지 콩포트
오렌지 1개, 설탕 50g,
물 18g, 꿀 3g

조립하기
슈가파우더

● making point

파트 쉬크레 반죽으로 만든 타르트지	아몬드 캐러멜	비스퀴 오 쇼콜라	캐러멜 소스	오렌지 콩포트	조립하기
75분 (굽기 S—20분, M—30분)	10분	15분	10분	20분	30분 (굽기 S—20분, M—25분)

비스퀴 오 쇼콜라를 만늘 때
가루류는 반드시 체에 쳐요.

아몬드 캐러멜은 센불로 볶는 게
가장 중요해요.

만드는 순서를 자유롭게 바꿔도
좋아요. 단, 아몬드 캐러멜은
굳히는 시간이 필요하니 미리
만들어두세요.

| **파트 쉬크레 반죽으로 만든 타르트지** | 아몬드 캐러멜 | 비스퀴 오 쇼콜라 | 캐러멜 소스 | 오렌지 콩포트 |

미리 준비하기 180℃로 예열한 오븐

파트 쉬크레 반죽을 만들어 냉장고에 넣는다. 타르트 틀에 반죽을 성형해서 넣고,
냉장고에서 15분 정도 휴지시킨 뒤 꺼내어 유산지를 깔고 누름돌을 넣는다. 180℃로 예열한
오븐에서 구워낸다(S-20분, M-30분). (22페이지 참고)

| 파트 쉬크레 반죽으로 만든 타르트지 | **아몬드 캐러멜** | 비스퀴 오 쇼콜라 | 캐러멜 소스 | 오렌지 콩포트 |

미리 준비하기 철판

1   냄비에 아몬드, 설탕, 물을 넣는다. 물기가 없어지고 설탕이 하얗게 결정화될 때까지 센불에 끓인다.
     아몬드가 냄비에 달라붙으면 주걱으로 저어요.
2   불에서 10초 정도 내려두었다가 다시 불에 올려 캐러멜색이 날 때까지 센불에서 섞는다.
3   불에서 내려 철판에 쏟은 뒤 습기가 없는 곳에 둔다.

1　　　　　　1-1　　　　　　2　　　　　　3

 비스퀴 오 쇼콜라

미리 준비하기 믹서기

1   볼에 아몬드가루, 카카오가루, 밀가루, 슈가파우더를 모두 체로 쳐 넣는다.

2   주걱으로 섞는다.

3   달걀흰자를 볼에 넣고 믹서기로 섞은 뒤 설탕을 3~4회 나누어 넣으면서 거품을 낸다.

4   **2**의 가루를 2~3차례 나누어 넣으며 주걱으로 섞는다.

 시간이 없다면 가루류를 한꺼번에 넣고 초콜릿색으로 변할 때까지 저어주세요.

| 1 | 1-1 | 1-2 | 2 |

| 3 | 4 | 4-1 | 4-2 |

⬤ **baking tip**

| 슈가파우더

설탕을 갈아 전부과 섞은 입자가 매우 고운 가루예요. 설탕과 옥수수가루를 섞어 만들 수 있지요. 빵에
뿌려 먹거나 부드러운 쿠키를 만들 때 사용해요. 생크림 케이크, 페이스트리, 과자 표면에 데코레이션
용으로 사용하기도 해요.

1   2   3   3-1   3-2

4   5   6

| 파트 쉬크레 반죽으로 만든 타르트지 | 아몬드 캐러멜 | 비스퀴 오 쇼콜라 | **캐러멜 소스** | 오렌지 콩포트 |

1   빈 냄비를 약불에 올려 달군 뒤 설탕을 넣는다.
2   가장자리가 연갈색으로 변할 때까지 기다린다.
3   흰 연기가 나면 냄비를 돌려가며 섞는다.
4   생크림을 살살 부어준다.
5   주걱으로 섞는다.
6   버터를 넣고 주걱으로 섞는다.

| 파트 쉬크레 반죽으로 만든 타르트지 | 아몬드 캐러멜 | 비스퀴 오 쇼콜라 | 캐러멜 소스 | **오렌지 콩포트** |

1   오렌지를 얇게 슬라이스한다.
2   냄비에 오렌지 슬라이스, 설탕, 물을 넣고 투명해질 때까지 끓인다.
3   꿀을 넣고 조린다.
     유산지를 덮어 조리면 꿀이 증발하는 것을 줄일 수 있어요.
4   조린 오렌지를 잘게 썰어 볼에 담아둔다.   '콩포트'는 설탕으로 조린 과일을 뜻해요.

1   2   3   4

미리 준비하기 짤주머니, 원형 깍지, 180℃로 예열한 오븐

1 파트 쉬크레 반죽으로 20분간 구워낸 타르트지 안에 오렌지 콩포트를
   0.2cm 정도 두께로 담는다.

2 칼로 아몬드 캐러멜을 다진다.

3 다진 아몬드 캐러멜을 0.2㎝ 두께로 담은 뒤 캐러멜 소스를 바른다.

4 짤주머니에 원형 깍지를 끼운 뒤 비스퀴 오 쇼콜라를 넣어 짠다.

5 슈가파우더를 뿌린다.

6 180℃로 예열한 오븐에서 구운 뒤(S-20분, M-25분) 식혀
   오렌지 콩포트로 장식한다.

1

2

3

4

5

6

사과타르트

시트를 따로 굽지 않고 속까지 채워 한 번만 구워내요. 사과도 전처리 과정 없이
채 썰어 올려 간편하게 만들 수 있는 타르트예요.
과정이 번거롭지 않으니 한번 만들 때 넉넉히 준비해 친구들과 즐거운 티타임을 가져봐요.

● ingredient(S—10개, M—3개)

사과 마멀레이드

버터 100g,
사과 5개(중간 크기), 레몬 1개,
시나몬가루 3ts(취향에 맞게 조절)

조립하기

사과(1인에 1/2개), 버터, 나파주

● making point

파트 브리제 반죽으로 성형한 타르트지	사과 마멀레이드	조립하기
35분	30분	70분 (굽기 S—50분, M—60분)

파트 브리제 반죽을 성형까지 한 뒤 재료를 채워 구워요.
나파주는 반죽에 바르지 않고 구운 뒤 재료 위에 발라줘요.

| **파트 브리제 반죽으로 성형한 타르트지** | 사과 마멀레이드 |

| **파트 브리제 반죽으로 성형한 타르트지** | 사과 마멀레이드 |

파트 브리제 반죽으로 성형한다. (24페이지 참고)

| 파트 브리제 반죽으로 성형한 타르트지 | **사과 마멀레이드** |

1 냄비에 버터를 넣고 주걱으로 섞는다.

2 사과를 가로 1cm, 세로 1cm 정도의 크기로 썰어 넣는다.

3 센불에서 주걱으로 섞으며 끓인다.
   사과즙이 많이 나오지 않으면 물 3/4컵을 넣고 섞어요.

4 레몬을 넣고 함께 익힌다. 이때 레몬은 깨끗이 씻어 껍질째 4등분한 것을 사용한다.

5 즙이 다 빠져나간 레몬을 꺼내고 수분이 없어질 때까지 조린 뒤 시나몬가루를 뿌린다.

1   2   2-1

3   4   5

미리 준비하기 180℃로 예열한 오븐

1 사과 껍질을 벗기고 씨를 뺀 뒤 반으로 잘라 얇게 슬라이스해놓는다.
2 파트 브리제 반죽으로 성형해둔 타르트지 안에 사과 마멀레이드를 2/3 정도 채운다.
3 **1**의 슬라이스한 사과를 가지런히 세우거나 포개어 올린다.
4 버터를 바른다.
5 180℃로 예열한 오븐에 구운 뒤(S−50분, M−60분) 식힌다.
   칼로 타르트지 틀에서 타르트를 분리한다.
6 나파주를 바른다.

1

2

3

4

5

6

블루베리타르트

크렘 파티시에르에 버터를 넣어 크렘 무슬린을 만들어요.
타르트지에 채운 뒤 블루베리를 산처럼 쌓으면 완성! 나파주나 잼을 발라 광택을 줘도 좋지만
만들어서 바로 먹을 때는 신선한 블루베리를 그대로 맛보아도 좋아요.

○ ingredient(S-10개, M-3개)

크렘 파티시에르

바닐라빈 1/2개, 우유 250g,
설탕 60(30+30)g, 달걀노른자 2개,
밀가루(박력분) 10g, 전분 10g

크렘 무슬린

크렘 파티시에르 350g,
버터(실온 상태) 68g

조립하기

블루베리잼, 나파주, 블루베리(1인에 30알)

○ making point

미리 준비하기 180℃로 예열한 오븐

파트 쉬크레 반죽을 만들어 냉장고에 넣는다. 타르트 틀에 반죽을 성형해서 넣고,
냉장고에서 15분 정도 휴지시킨 뒤 꺼내어 유산지를 깔고 누름돌을 넣는다.
180℃로 예열한 오븐에서 구워낸다. (22페이지 참고)

| 파트 쉬크레 반죽으로 만든 타르트지 | **크렘 파티시에르** | 크렘 무슬린 |

미리 준비하기 랩

1   바닐라빈을 반으로 갈라 칼등으로 씨를 긁어낸다.
2   냄비에 우유와 바닐라빈, 설탕 30g을 넣고 센불에 올려 끓인다.
3   볼에 달걀노른자와 설탕 30g을 넣고 거품기로 섞는다.
4   밀가루와 전분을 넣고 거품기로 섞는다.
5   **2**를 넣고 크림색이 될 때까지 거품기로 섞는다.
6   냄비에 넣고 중불에서 밀가루가 익을 때까지 끓인다.
7   불에서 내려 볼에 담은 뒤 랩을 크림에 딱 붙여 식힌다.
    | 랩을 씌워 보관하면 수분이 날아가지 않아 시간이 지나도 촉촉해요.

| 1 | 2 | 2-1 | 2-2 | 3 |
| 4 | 4-1 | 5 | 5-1 | 6 | 7 |

1
2

1   크렘 파티시에르를 거품기로 부드럽게 풀어준다.
2   버터를 조금씩 나누어서 넣으며 거품기로 크림화시킨다.

조립하기

1   파트 쉬크레 반죽으로 구워낸 타르트지 안에 크렘 무슬린을 가득 담고 가운데에
    블루베리잼을 올린다. 이때 타르트지는 나파주를 바른 것을 사용한다.
2   가장자리를 따라서 블루베리를 차곡차곡 쌓아올린다.
3   나파주를 바른다. 나파주는 한 번 끓인 뜨거운 것을 사용한다.

1

2

2-1

3

살구타르트

크림에 아몬드가루를 넣어 고소한 맛을 더했어요.
쌉싸름한 다즐링 차와 잘 어울리지요.
달걀과 아몬드가루가 섞이면 비릿할 수 있으니
아몬드가루를 넣기 전에 럼을 넣고 한 번 더 섞어요.
살구는 조린 것이나 통조림을 사용해도 좋아요.

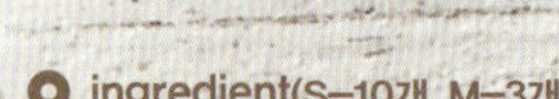

● ingredient(S–10개, M–3개)

아몬드 크림
*모든 재료는 실온 상태
버터 67g, 슈가파우더 67g,
바닐라슈가 6g, 달걀 1과 1/2개,
럼 6g, 아몬드가루 100g

조립하기
살구 50개(1인에 5개),
나파주, 피스타치오 가루

파트 브리제 반죽으로 성형한 타르트지 · 아몬드 크림 · 조립하기

35분　　　　　　　　20분　　　　　　　　70분
　　　　　　　　　　　　　　　　　　　　(굽기 S—50분, M—60분)

파트 브리제 반죽을 성형까지 한 후 재료를 채워 구워요.
아몬드 크림을 만들 때 달걀은 꼭 2~3번 나누어 넣어요.

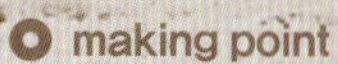

파트 브리제 반죽으로 성형한다.
(24페이지 참고)

I 파트 브리제 반죽으로 성형한 타르트지 I **아몬드 크림** I

미리 준비하기 믹서기

1   볼에 버터를 넣고 믹서기로 섞는다.
2   슈가파우더를 넣고 주걱으로 가루가 날리지 않게 섞는다.
3   믹서기로 한 번 더 섞는다.
4   바닐라슈가를 넣는다.
5   반죽이 분리되지 않도록 달걀을 2~3번 나누어 넣으며 크림화시킨다.
6   럼을 넣고 가벼운 크림이 되도록 섞는다.
     I 럼을 섞으면 크림의 점성이 약해져 부드러워요.
7   주걱으로 원을 그리며 섞는다. ●·················I 공기가 들어가 크림이 가벼워지고
8   아몬드가루를 넣고 주걱으로 섞는다.   잡냄새를 제거해요.
     I 잘 섞이지 않으면 믹서기로 한 번 더 섞어요.

1   2   3   4

5   6   7   8

1

2

3

조립하기

미리 준비하기 180℃로 예열한 오븐

1   파트 브리제 반죽으로 성형해둔
    타르트지 안에 아몬드 크림을 1/3 정도
    채운다.
2   아몬드 크림을 스패츌러에 묻혀
    타르트지 테두리까지 바른다.
3   살구를 1/2등분한 뒤 물기를 닦아
    동그랗게 올린다.
4   180℃로 예열한 오븐에 바짝 구워낸
    뒤(S−50분, M−60분) 나파주를 바른다.
5   피스타치오 가루를 뿌린다.

4

5

자몽타르트

알알이 살아있는 선홍빛이 침샘을 자극하죠? 특유의 쌉싸름함 때문에 대중적인 베이킹 재료는 아니지만
천연 자몽즙으로 만든 상큼한 크림과 함께 먹으면 훌륭한 메인 디저트가 돼요. 속껍질을 잘 벗겨내는 수고로움만 감수한다면!

자몽 크림

자몽 과즙 200g, 설탕 60(20+40)g,
달걀노른자 2개, 전분 10g,
쿠앵트로(오렌지 술) 5g, 버터 75g

조립하기

자몽 4개, 나파주

파트 쉬크레 반죽으로 만든 타르트지　　　자몽 크림　　조립하기

75분　　　　　　　　　　　　　　　20분　　　5분
(굽기 S-30분, M-40분)

······· 자몽 속껍질을 벗겨야 쓴맛이 사라져요.

파트 쉬크레 반죽으로 만든 타르트지 ｜ 자몽 크림 ｜

미리 준비하기 180℃로 예열한 오븐

파트 쉬크레 반죽을 만들어 냉장고에 넣는다. 타르트 틀에 반죽을 성형해서 넣고, 15분 정도 휴지시킨 뒤
꺼내어 유산지를 깔고 누름돌을 넣는다. 180℃로 예열한 오븐에서 구워낸다. (22페이지 참고)

 자몽 크림

미리 준비하기 믹서기

1 냄비에 자몽 과즙과 설탕 20g을 넣고 센불에서 끓인다.

2 볼에 달걀노른자를 넣고 거품기로 섞는다.

3 달걀노른자가 풀어지면 설탕 40g을 넣고 거품기로 섞는다.

4 전분을 넣고 크림색이 될 때까지 거품기로 섞는다.

5 1의 과즙을 두 번 나누어 넣으면서 거품기로 섞는다.

6 냄비에 옮겨 담고 중불에 올려 조린다.

7 불에서 내려 볼에 옮겨 식힌 뒤 쿠앵트로를 넣고 믹서기로 섞는다.
　| 쿠앵트로는 오렌지 껍질로 만든 무색의 프랑스산 리큐어로 오렌지 술이라고도 불러요.

8 버터를 3∼4번 나누어 넣으며 크림 상태가 될 때까지 섞는다.

1 　자몽의 겉껍질을 칼로 벗겨내고 속껍질은 손으로 조심스럽게 벗긴다.
2 　파트 쉬크레 반죽으로 구워낸 타르트지 안에 나파주를 바른다.
3 　자몽 크림을 가득 담는다.
4 　자몽을 반원 모양으로 쌓는다.
5 　나파주를 바른다. 이때 나파주는 냄비에 넣고 진하게 끓인 것을 사용한다.

1

2

3

4

4-1

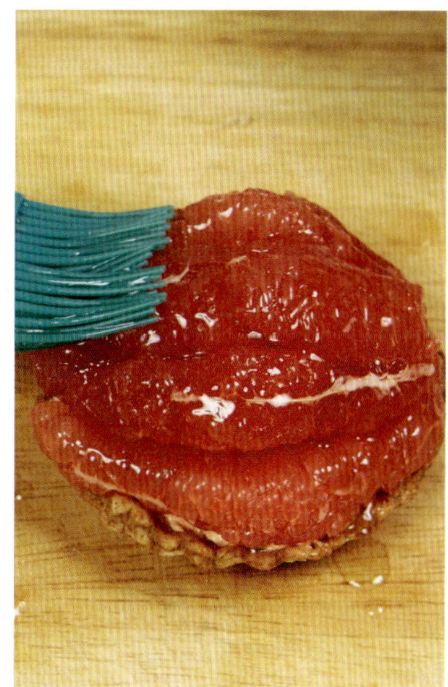

5

나파주
서양배
아몬드 크림
파트 브리제 반죽으로
만든 타르트지

서양배타르트

부드러운 서양배와 포슬포슬한 아몬드 크림, 바삭바삭한 타르트지가 어우러져 담백하면서도 깔끔해요.
다즐링 차의 달콤한 향과 잘 어울리지요. 아몬드 크림을 주걱으로 섞을 때는 손목에 힘을 빼고 원을 그리듯 자연스럽게 저어야
공기가 들어가 아몬드 크림이 가벼워져요. 과일, 견과류, 채소 등 취향에 따라 토핑해도 좋아요.

◉ ingredient(S-10개, M-3개)

아몬드 크림	**조립하기**
버터(실온 상태) 67g,	서양배 5개(1인에 1/2개),
슈가파우더 67g, 바닐라슈가 6g,	아몬드 슬라이스,
달걀 1과 1/2개,	나파주
럼 6g, 아몬드가루 67g	

◉ making point

파트 브리제 반죽으로 성형한 타르트지	아몬드 크림	조립하기
35분	20분	60분 (굽기 S-40분, M-50분)

아몬드 크림 반죽이 분리되지 않게 달걀노른자는 두 번에 나누어 넣어요.

파트 브리제 반죽으로 성형한 타르트지 | 아몬드 크림 |

파트 브리제 반죽으로 성형한다.
(24페이지 참고)

 아몬드 크림 ㅣ

미리 준비하기 믹서기

1 버터를 볼에 넣고 믹서기로 섞는다.

2 슈가파우더를 넣고 주걱으로 가루가 날리지 않게 섞는다.

3 믹서기로 한 번 더 섞는다.

4 바닐라슈가를 넣는다.

5 반죽이 분리되지 않도록 달걀을 여러 번 나누어 넣으며 크림화시킨다.

6 럼을 넣고 가벼운 크림이 되도록 섞는다.
ㅣ 럼은 달걀 비린내를 없애줘요.

7 주걱으로 원을 그리며 섞는다. 공기가 들어가 크림이 가벼워진다.

8 아몬드가루를 넣고 주걱으로 섞는다.
ㅣ 잘 섞이지 않으면 믹서기로 한 번 더 섞어요.

조립하기

미리 준비하기 180℃로 예열한 오븐

1 파트 브리제 반죽으로 성형해둔 타르트지 안에 아몬드 크림을 1/3 정도 담는다.
│ 아몬드 크림을 너무 많이 넣으면 부풀어 올라 넘칠 수 있으니 주의하세요.

2 아몬드 크림을 스패출러에 묻혀 타르트지 테두리에 바른다.

3 서양배를 1/2등분한 뒤 물기를 잘 닦아 슬라이스한다.

4 타르트지 안에 서양배를 가득 채운다.

5 아몬드 슬라이스를 올린다.

6 180℃로 예열한 오븐에서 구워낸 뒤(S−40분, M−50분) 나파주를 바른다.

1

2

3

4

5

6

체리타르트

바삭하게 구워낸 타르트지에 초코크림과 치즈크림을 담고
잘 익은 생 체리를 올려 체리타르트를 만들어요.
너무 달면 다즐링 차를 마셔 단맛을 줄이고, 더 달게 먹고 싶다면 당분이 들어간 과일차를 곁들여요.

시럽

설탕 50g, 물 50g, 키르슈 5ml

아몬드 초코크림

초콜릿 녹인 것 40g, 아몬드 크림 160g

라임 치즈크림

크림치즈 200g, 슈가파우더 40g,
레몬즙 5g, 레몬 제스트(레몬 껍질을 강판에
갈은 것) 2개분, 라임즙 25g

조립하기

체리 60알(1인에 6알),
카시스 퓌레(블랙 커런트를 끓인 뒤 곱게 갈
아 체에 거른 것)를 섞은 나파주

● making point

파트 쉬크레 반죽으로 만든 타르트지	시럽	아몬드 초코크림	라임 치즈크림	조립하기
75분 (굽기 S-20분, M-30분)	5분	15분	20분	30분 (굽기 S-15분, M-20분)

라임 치즈크림과 아몬드 초코크림은
차가운 상태에서 작업해야 묽어지지 않아요.

미리 준비하기 180℃로 예열한 오븐

파트 쉬크레 반죽을 만들어 냉장고에 넣는다. 타르트 틀에 반죽을 성형해서 넣고,
15분간 휴지시킨 뒤 꺼내어 유산지를 깔고 누름돌을 넣는다.
180℃로 예열한 오븐에서 구워낸다(S-20분, M-30분). (22페이지 참고)

1   **시럽** 볼에 설탕과 물을 넣고 끓인 뒤 식힌다.
    사용하기 직전에 키르슈를 약간 넣는다.
2   **아몬드 초코크림** 초콜릿을 중탕해 녹인 것을
    아몬드 크림과 함께 잘 섞는다.

1   2

미리 준비하기 믹서기

1   크림치즈를 상온에 30분 정도 꺼내둔 뒤 믹서기에 넣고 부드럽게 풀어준다.
2   슈가파우더를 넣고 믹서기로 섞는다.
3   레몬즙을 넣는다.
4   볼을 믹서기에서 꺼낸 뒤 레몬 제스트, 라임즙을 넣고 주걱으로 섞는다.
    라임즙은 냉동된 시판용 라임이나 신선한 라임을 직접 짜서 사용해요.

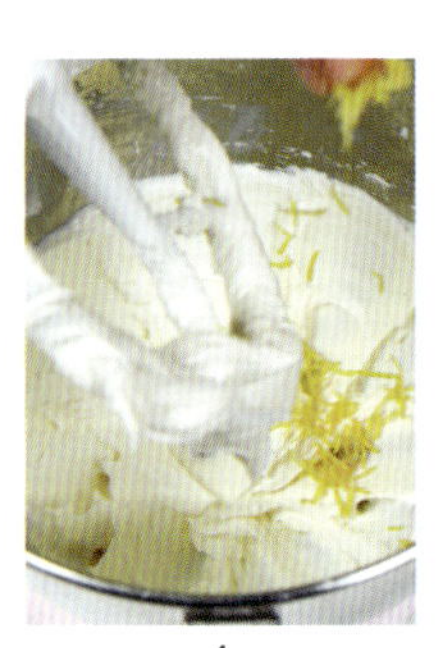

1   2   2-1   3   4   4-1

미리 준비하기 180℃로 예열한 오븐, 짤주머니, 원형 깍지

1 파트 쉬크레 반죽으로 구워낸 타르트지 안에 아몬드 초코크림을 1/3 정도 바르고 180℃로 예열한 오븐에서 한 번 더 구워낸다(S–15분, M–20분).

2 시럽을 아몬드 초코크림 위에 바른다.

3 **2**의 위에 중탕해 녹인 초콜릿을 브러시로 코팅하듯 바른다.

4 짤주머니에 원형 깍지를 끼운 뒤 라임 치즈크림을 넣고 체리의 개수만큼 볼록하게 짠다.

5 씨와 꼭지를 뺀 체리를 동그랗게 놓고 꼭지가 달린 체리를 가운데에 올린다.

6 카시스 퓌레를 섞은 나파주를 체리 위에 바른다.

1

2

3

4

5

6

FRESH TART 10

포도 타르트

칼슘, 비타민이 풍부해 피로 회복에 좋은 포도로 타르트를 만들어요.
새콤달콤한 포도에는 달달하면서 버터 향이 많이 나는 파트 쉬크레 타르트지와 크렘 파티시에르가 잘 어울리지요.
다양한 품종 중 색도 곱고 맛도 좋은 청포도와 적포도를 사용했어요.

청포도타르트

탱글탱글한 청포도가 빼곡히 박혀 있어 씹을 때마다 톡톡 터지는 상큼함이 포인트예요. 나파주는 꼭 붓에 묻혀 바르세요.
양 조절을 하지 않으면 너무 달아 청포도 특유의 향과 맛이 사라져요.

● ingredient(S-10개, M-3개)

크렘 파티시에르

우유 125g, 설탕 30(15+15)g,
바닐라빈 1/2개,
달걀노른자 1개, 밀가루(박력분) 5g, 전분 5g

크렘 샹티

생크림(차가운 상태) 100g

크렘 바바로아

젤라틴 3g, 우유 125g,
설탕 30(15+15)g,
달걀노른자 2개, 크렘 샹티 100g

조립하기

나파주, 청포도

● making point

파트 브리제 반죽으로 만든 타르트지	크렘 파티시에르	크렘 샹티	크렘 바바로아	조립하기
75분 (굽기 S-30분, M-40분)	15분	15분	20분	5분

모든 재료는 크림화될 때까지 섞어줘요.
크렘 바바로아는 크렘 샹티를 섞어 만들어요.

미리 준비하기 180℃로 예열한 오븐

파트 브리제 반죽을 만들어 냉장고에 넣는다.
타르트 틀에 반죽을 성형해서 넣고, 냉장고에서 15분 정도
휴지시킨 뒤 꺼내어 유산지를 깔고 누름돌을 넣는다.
180℃로 예열한 오븐에서 구워낸다. (24페이지 참고)

| 파트 브리제 반죽으로 만든 타르트지 | **크렘 파티시에르** | 크렘 샹티 | 크렘 바바로아 |

미리 준비하기 랩

1 냄비에 우유와 설탕 15g, 바닐라빈을 넣고 센불에 올려 거품기로 섞으며 끓인다.
2 볼에 달걀노른자와 설탕 15g을 넣고 거품기로 섞는다.
3 밀가루와 전분을 넣고 크림색이 될 때까지 거품기로 섞는다.
4 **1**의 냄비를 넣고 거품기로 섞는다.
   달걀노른자와 설탕을 크림색이 될 때까지 섞은 뒤 뜨거운 우유를 부어야
   달걀노른자가 익지 않아요.
5 냄비에 옮겨 담은 뒤 불에 올려 되직해질 때까지 끓인다.
6 볼에 옮겨 담고 랩을 붙여 식힌 뒤 냉장고에 1시간 정도 넣어둔다.

1

1-1

1-2

2

3

3-1

4

5

6

미리 준비하기 믹서기

생크림을 넣고 크림화될 때까지 믹서기로 돌린다.
I 달게 먹고 싶다면 생크림 100g에 설탕 7~8g을 넣고
믹서기로 돌리세요.

1 볼에 찬물을 담고 젤라틴을 넣어 불린 뒤 체에 내려 물기를 제거한다.
2 냄비에 우유와 설탕 15g을 넣고 센불에서 끓인다.
3 볼에 달걀노른자와 설탕 15g을 넣고 거품기로 섞는다.
4 **3**에 **2**를 넣고 거품기로 섞은 뒤 냄비에 넣고 거품기로 다시 섞으며 끓인다.
5 불에서 내려 체에 내린다.
6 **1**의 젤라틴 불린 것을 넣고 거품기로 섞은 뒤 10분 정도 식힌다.
7 크렘 샹티를 넣고 주걱으로 섞는다.

1   2   2-1   3

4   4-1   5   6   7

1

1-1

2

1   파트 쉬크레 반죽으로 구워낸
    타르트지 안에 나파주를 바른 뒤 크렘
    파티시에르를 스패출러로 펴 바른다.
2   크렘 바바로아를 스패출러로 펴 바른다.
3   청포도를 가득 올린다. 이때 몇알은
    반으로 잘라 가운데에 겹쳐 올린다.
4   나파주를 바른다.

3

4

적포도타르트

더위에 입맛 잃었을 때 큼직하게 만들어두면 디저트, 피크닉 도시락으로도 손색없어요.
신선한 적포도를 크렘 무슬린에 가득 올려요. 살구잼을 끓여 만든 나파주로 마무리!
친구들을 초대했을 때 빼먹지 않는 메뉴로 과일차를 곁들이면 인기 만점이에요.

◯ ingredient(S—10개, M—3개)

크렘 파티시에르

우유 125g,

설탕 30(15+15)g, 바닐라빈 1/2개,

달걀노른자 1개,

밀가루(박력분) 5g, 전분 5g

크렘 무슬린

크렘 파티시에르 370g,

버터(실온 상태) 63g

조립하기

나파주, 적포도

◯ making point

| 파트 쉬크레 반죽으로 만든 타르트지 | 크렘 파티시에르 | 크렘 무슬린 | 조립하기 |

75분
(굽기 S—30분, M—40분) · 15분 · 10분 · 5분

크렘 무슬린은 거품기가 지나간 자국이 선명하게 남을 때까지
섞어야 찰기를 유지할 수 있어요.

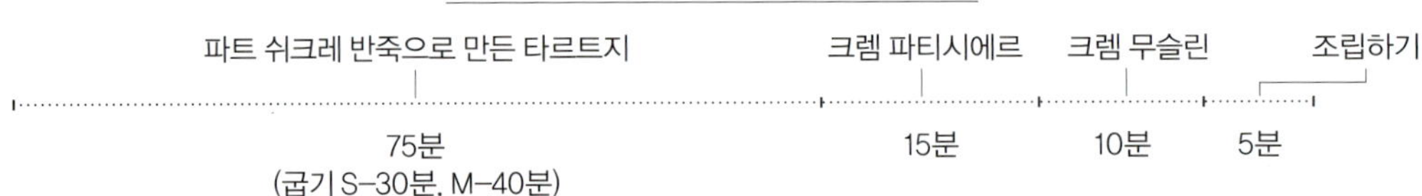

1   2   2-1

1   크렘 파티시에르를 거품기로
부드럽게 풀어준다.

2   버터를 조금씩 넣으면서 섞어
크림화시킨다.

*크렘 파티시에르
만들기는 청포도
타르트(79페이지)를
참고하세요.

조립하기

1   파트 쉬크레 반죽으로 구워낸
타르트지 안에 나파주를 바른 뒤
크렘 무슬린을 넣는다.

2   적포도를 가득 올린다.

3   나파주를 바른다. 이때 나파주는
끓여 뜨거운 것을 사용한다.

1

1-1

2

2-1

3

HEALTHY TART

하루 한 끼 든든하게

식사대용으로 먹을 수 있고
다이어트를 해야 하는 경우에도 안심하고 즐길 수 있는
타르트 레시피를 소개해요.

FOR TASTY AND HEALTHY LIFE

HEALTHY TART 01

단호박타르트

식사대용으로 사랑받는 단호박. 후추, 소금, 럼으로 만든
단호박 필링을 넣으면 담백하게 즐길 수 있어요.
피클이나 샐러드를 곁들이지 않아도 훌륭한 한 끼 식사가 되지요.
부드럽고 촉촉하게 만드는 비결은 단호박을 익힌 뒤
액체류 소스를 넣어가며 섞는 것!

단호박 필링

단호박 170g, 설탕 50g,
달걀 2개, 바닐라빈 1개,
우유 20g, 아몬드가루 20g,
버터(끓인 상태) 20g, 생크림 20g,
넛맥 5g, 소금 약간,
후추 약간, 럼 5g

조립하기
슬라이스한 단호박, 나파주

⊙ making point

파트 브리제 반죽으로 만든 타르트지	단호박 필링	조립하기
65분 (굽기 S—20분, M—30분)	40분	30분 (굽기 S—15분, M—20분)

 찐 단호박을 이용해 필링을 만들어야 으깨기 쉽고 다른 재료와 잘 섞여요.

 재료를 모두 올린 후 나파주를 바르는 건 필수! 단호박이 갈라질 수 있어요.

시간 단축을 위해 단호박을 미리 쪄놓아도 좋아요.

파트 브리제 반죽으로 만든 타르트지 | 단호박 필링 |

미리 준비하기 180℃로 예열한 오븐

파트 브리제 반죽을 만들어 냉장고에 넣는다. 타르트 틀에 반죽을 성형해서 넣고,
냉장고에서 15분 정도 휴지시킨 뒤 꺼내어 유산지를 깔고 누름돌을 넣는다.
180℃로 예열한 오븐에서 구워낸다(S—20분, M—30분). (24페이지 참고)

| 파트 브리제 반죽으로 만든 타르트지 | **단호박 필링** |

1 단호박을 20분간 쪄낸 뒤 껍질과 씨를 제거한다.

2 볼에 넣고 숟가락으로 으깬다.

3 설탕을 넣고 숟가락으로 섞는다.

4 달걀을 넣고 섞는다.

5 바닐라빈을 반으로 갈라 칼등으로 씨를 긁어낸 뒤 우유에 넣고 끓인다.

6 **4**의 볼에 아몬드가루를 넣고 섞는다.

7 끓인 버터를 넣고 섞는다.

8 **7**의 볼에 **5**를 넣고 섞는다.

9 생크림, 넛맥, 설탕, 소금, 후추, 럼을 넣고 섞는다.

미리 준비하기 180℃로 예열한 오븐

1   파트 브리제 반죽으로 구워낸 타르트지 안에 단호박 필링을 가득 담는다.

2   180℃로 예열한 오븐에 넣어 다시 구워낸 뒤(S-15분, M-20분) 단호박 슬라이스를
     올리고 5～10분간 더 굽는다.
     | 단호박 슬라이스를 오래 구우면 타요. 5～10분 정도 구워야 노릇노릇하고 부드러워져요.

3   식혀서 나파주를 바른다.

1

2

3

3-1

가지리코타타르트

리코타라이트치즈를 타르트지 안에 담고
구운 가지를 올려 먹는 샐러드 느낌의 타르트. 가지는 안토시아닌이라는 항산화물질과 무기질, 비타민을
많이 함유하고 있어 건강도 챙길 수 있어요.

● ingredient(S−6개, M−2개)

구운 가지
가지(중간 크기) 2개, 올리브유 15g,
타임 약간, 소금 약간, 후추 약간

조립하기
리코타라이트치즈 120g,
파 1뿌리(얇게 썬 것)

● making point

파트 브리제 반죽으로 만든 타르트지　　　　　구운 가지　　조립하기

75분　　　　　　　　　　　　　　　　25분　　　5분
(굽기 S−30분, M−40분)　　　　　　　　(굽기 20분)

가지는 20분 굽는 게 가장 적당해요.
적당히 수분이 배어 있어야 씹었을 때 부드러워요.

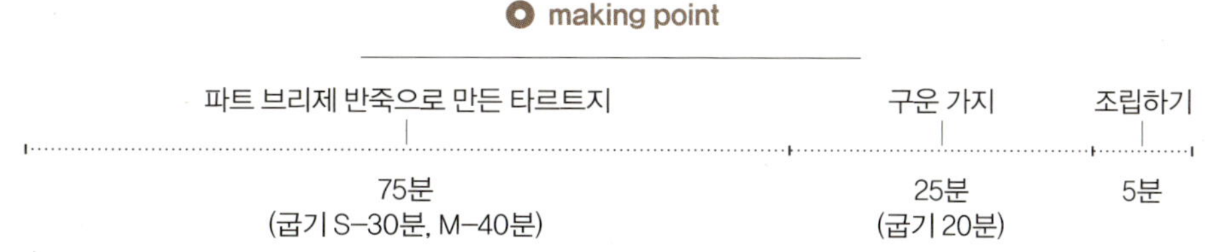

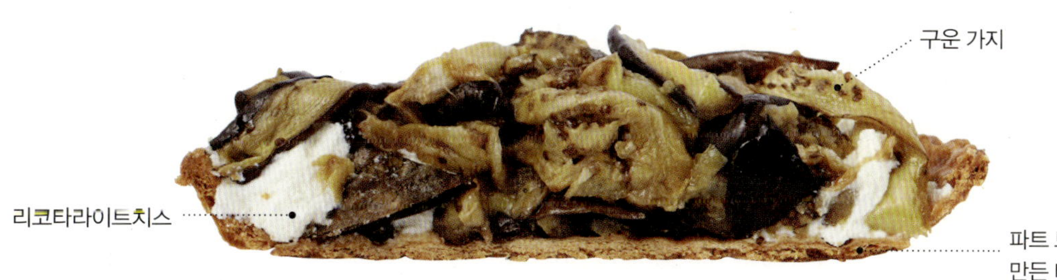

미리 준비하기 180℃로 예열한 오븐

파트 브리제 반죽을 만들어 냉장고에 넣는다. 타르트 틀에 반죽을 성형해서 넣고,
냉장고에서 15분 정도 휴지시킨 뒤 꺼내어 유산지를 깔고 누름돌을 넣는다.
180℃로 예열한 오븐에서 구워낸다. (24페이지 참고)

| 파트 브리제 반죽으로 만든 타르트지 | **구운 가지** |

미리 준비하기 200℃로 예열한 오븐

1   가지를 반으로 가른다.
2   붓에 올리브유를 묻혀 가지에 바른다.
3   타임을 뿌린다.
4   200℃로 예열한 오븐에 넣어 20분 정도 구워낸다.
5   식힌 뒤 길이로 찢어준다. 소금, 후추로 간을 맞춘다.

1   2   3   4

5   5-1

1

2

조립하기

1 파트 브리제 반죽으로 구워낸 타르트지
   안에 리코타라이트치즈를 담는다.
2 구운 가지를 동그랗게 말아 올린다.
3 얇게 썬 파를 뿌린다.

3

가지토마토타르트

여름에 가장 맛있는 채소를 꼽으라면 가지와 토마토가 아닐까요? 토마토를 살짝 데쳐 잘게 썰고
마늘, 월계수 잎, 양파를 채 썰어 팬에 넣어요. 소금, 후추로 간을 맞춰가며 볶으면 빵에 곁들여 먹어도 좋은 소스가 완성돼요.
가지와 토마토를 멋지게 활용한 타르트는 손님 접대용으로도 제격이에요.

● ingredient(S—6개, M—2개)

속재료	토핑	조립하기
토마토 3개, 마늘 3쪽, 월계수 잎 3장, 양파 1개, 올리브유 30g, 소금 약간, 후추 약간	가지(중간 크기) 2개, 올리브유 15g, 소금 2g, 토마토(중간 크기) 2개	치즈 갈은 것 120g

● making point

파트 브리제 반죽으로 만든 타르트지 · 속재료

65분(굽기 S—20분, M—30분) · · · · · · · · · · · · · · 40분

토핑 · · · · · · · · · · · · · · 조립하기

20분 · · · · · · · · · · · · · · 35분(굽기 S—20분, M—25분)

타르트 5~6인분을 만들 때는 속이 깊은 팬을 사용해야
조리할 때 넘치지 않아요.

가지와 토마토를 제외한 모든 재료는 채썰기해요.

미리 준비하기 180℃로 예열한 오븐

파트 브리제 반죽을 만들어 냉장고에 넣는다.
타르트 틀에 반죽을 성형해서 넣고, 냉장고에서 15분 정도 휴지시킨 뒤
꺼내어 유산지를 깔고 누름돌을 넣는다.
180℃로 예열한 오븐에서 구워낸다(S−20분, M−30분). (24페이지 참고)

미리 준비하기 끓는 물

1 토마토를 끓는 물에 살짝 데친 뒤 껍질을 벗겨 잘게 썬다.

　│ 토마토를 끓는 물에 오래 두면 터질 수 있어요. 껍질에 주름이 생길 때까지만 데쳐요.

2 마늘을 잘게 썬다.

3 냄비에 잘게 썬 토마토와 마늘을 넣고 끓인다.

4 월계수 잎을 넣고 조린다.

5 양파를 얇게 채 썬다.

6 팬에 올리브유를 두르고 양파를 넣어 볶는다.

7 양파가 연갈색으로 변하면 **4**의 토마토소스를 넣고 볶는다. 소금, 후추를 넣으며 간을 맞춘다.

| 1 | 1-1 | 1-2 | 2 | 3 |
| 4 | 5 | 6 | 7 | 7-1 |

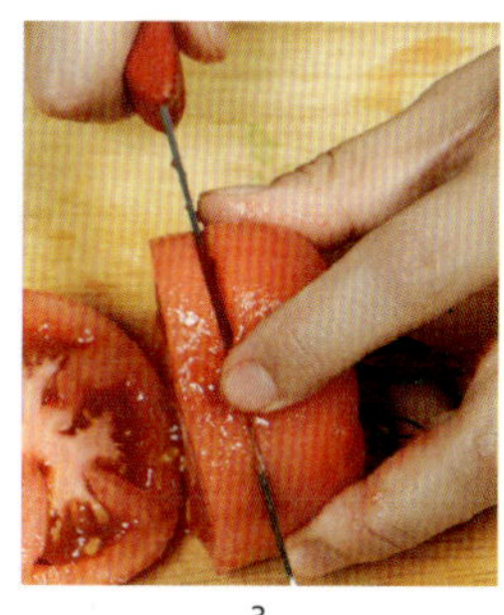

1   2   2-1   2-2   3

| 파트 브리제 반죽으로 만든 타르트지 | 속재료 | **토핑** |

1   가지를 0.5cm 두께로 껍질째 슬라이스한다.

2   팬에 올리브유를 두르고 가지를 올린 뒤 소금을 뿌려 굽는다.
     짠맛을 싫어한다면 소금을 빼도 좋아요.

3   토마토는 끓는 물에 살짝 데쳐 껍질을 벗겨 가지와 같은 두께로 슬라이스해놓는다.

조립하기

미리 준비하기   180℃로 예열한 오븐

1   파트 브리제 반죽으로 구워낸 타르트지
안에 속재료를 2/3 정도 담은 뒤
평평하게 펼친다.

2   토핑(슬라이스해둔 토마토와 가지)을
번갈아가며 올린다.

3   치즈 갈은 것을 가득 뿌리고 180℃로
예열한 오븐에서 구워낸다(S−20분,
M−25분).

1   2

2-1   3   3-1

감자그라탱타르트

달달하고 부드러운 감자그라탱타르트. 따뜻한 우유와 함께 한 입 한 입 먹다 보면
줄어드는 게 아쉬울 정도예요. 겹겹이 쌓인 감자 슬라이스를 먹는 재미도 쏠쏠하지요. 감자를 데치기 전에 소금을 넣은
찬물에 담가두면 간이 밸 뿐 아니라 녹말기가 빠져서 냄비에 눌어붙지 않아요.

◉ ingredient(S—6개, M—2개)

감자 슬라이스
감자 6개, 물 750g, 소금 10g

베샤멜 소스
버터 20g, 밀가루(박력분) 20g,
우유(끓여서 사용) 125g,
생크림 125g, 소금 약간,
후추 약간, 넛맥 약간

조립하기
에멘탈치즈 60g, 그뤼에르치즈 60g

◉ making point

파트 브리제 반죽으로 성형한 타르트지	감자 슬라이스	베샤멜 소스	조립하기
35분	20분	20분	60분 (굽기 S—40분, M—50분)

성형한 타르트지 안에 재료를 넣은 뒤 구워요.
베샤멜 소스를 만들 재료를 냄비에 넣고 센불에서 끓일 때
중간 중간 주걱으로 저어주어야 팬에 눌어붙지 않아요.

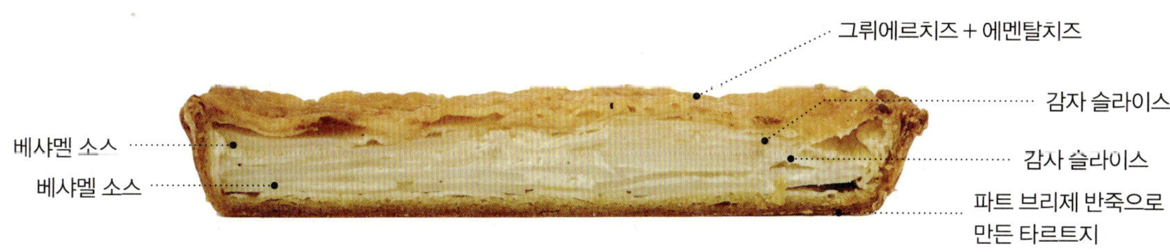

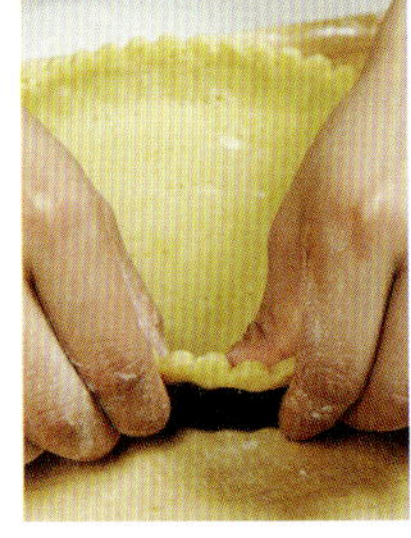

파트 브리제 반죽으로 성형한다. (24페이지 참고)

| 1 | 2 | 2-1 | 3 | 3-1 |

---

1   감자 껍질을 벗기고 깨끗이 씻어 얇게 슬라이스한 뒤 찬물에 5~10분간 담가서 녹말을 뺀다.

2   냄비에 물과 소금을 넣고 센불에 올린 뒤 끓으면 **1**의 감자를 체에 밭쳐 물기를 빼 넣는다.

3   끓기 시작하면 체에 밭쳐 물기를 제거한다. ●·················| 물기가 있는 감자를 팬에 그대로 넣으면 바닥에 눌어붙고 질척해져요.

미리 준비하기   끓인 우유

1   냄비에 버터를 넣고 센불에서 녹인다.

2   밀가루를 넣고 주걱으로 섞으며 볶는다.

3   우유를 조금씩 넣으며 주걱으로 섞는다. 이때 우유는 끓여서 사용한다.

4   생크림을 조금씩 넣으며 주걱으로 뭉치지 않게 섞는다.

5   소금, 후추, 넛맥을 넣고 주걱으로 섞는다.

| 1 | 2 | 3 | 4 | 5 |

미리 준비하기 180℃로 예열한 오븐

1 파트 브리제 반죽으로 성형해둔 타르트지 안에 베샤멜 소스를 얇게 펴 바른다.
2 감자 슬라이스를 한 줄 깐다. 토핑을 위해 감자 슬라이스를 남겨둔다.
3 베샤멜 소스를 얇게 바른다.
4 감자 슬라이스를 한 줄 더 깐 뒤 베샤멜 소스를 얇게 바른다.
5 에멘탈치즈와 그뤼에르치즈를 뿌린 뒤 180℃로 예열한 오븐에서
   구워낸다(S−40분, M−50분).
6 **2**에서 남겨둔 감자 슬라이스를 오븐에 10분간 구워 감자칩을 만든다.
   가운데에 올려 토핑한다.

1

2

3

4

5

6

키쉬로렌타르트

프랑스 로렌 지방의 음식으로 프랑스인들이 즐겨먹는 디저트예요.
부드러운 식감과 고소한 맛이 일품이지요. 햄, 브로콜리, 양송이를 넣어 우리 입맛에 맞게 만들어봤어요.
계절 과일 샐러드, 와인과 함께 가방에 담아 야외로 나가면 피크닉 요리로도 손색없어요.

◎ ingredient(S—6개, M—2개)

키쉬로렌 소스

달걀 3개, 플레인요거트 150g,
우유 150g,
에멘탈치즈(슬라이스한 것) 20g,
넛맥 약간, 소금 약간, 후추 약간

조립하기

베이컨, 에멘탈치즈 60g, 파슬리

◎ making point

파트 브리제 반죽으로 성형한 타르트지　　키쉬로렌 소스　　　　　　조립하기

35분　　　　　　　15분　　　　　　　　50분
　　　　　　　　　　　　　　　　　(굽기 S—35분, M—40분)

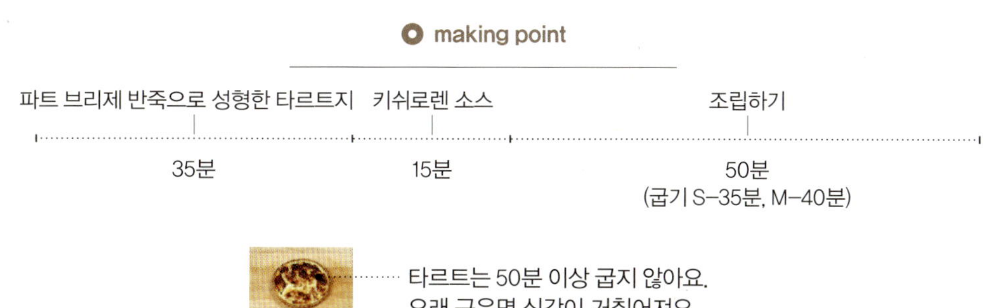

타르트는 50분 이상 굽지 않아요.
오래 구우면 식감이 거칠어져요.

파트 브리제 반죽으로 성형한다. (24페이지 참고)

1   볼에 달걀을 넣고 거품기로 푼다.
2   플레인요거트를 넣고 거품기로 섞는다.
3   우유를 넣고 거품기로 섞는다.
4   슬라이스한 에멘탈치즈를 넣고 거품기로 섞는다.
5   넛맥, 소금, 후추를 넣어 간을 맞춘다.

1

2

2-1

조립하기

미리 준비하기 180℃로 예열한 오븐

1   베이컨을 먹기 좋은 크기로 썬다.

2   파트 브리제 반죽으로 성형해둔
    타르트지 안에 베이컨을 펼쳐놓는다.

3   키쉬로렌 소스를 가득 담은 뒤
    에멘탈치즈를 골고루 뿌린다.
    | 에멘탈치즈는 물레방아 바퀴 모양에
    커다란 구멍이 나 있어요. 스위스
    치즈라고도 불러요.

4   180℃로 예열한 오븐에서 구워낸
    뒤(S-35분, M-40분) 파슬리로
    상식한다.

3

4

브로콜리타르트

슈퍼 푸드인 브로콜리는 항산화물질과 칼슘이 풍부해 건강식을 만들 때
많이 사용하는 재료지요. 씹을수록 단맛이 나기 때문에 당분이 들어간 소스보다 상큼한 플레인요거트나
고소한 파르메산치즈와 잘 어울려요.

◎ ingredient(S–6개, M–2개)

브로콜리 소스
브로콜리 140g(조립할 때도 사용),
플레인요거트 120g,
파르메산치즈(갈은 것) 60g,
소금 약간, 후추 약간, 넛맥 약간

◯ making point

파트 브리제 반죽으로 만든 타르트지	브로콜리 소스	조립하기
60분 (굽기 S–20분, M–25분)	20분	30분 (굽기 S–15분, M–20분)

성형해서 구운 타르트지 위에 재료를 올리고
한 번 더 굽기 때문에 굽는 시간은 정확하게 지켜야 해요.
오래 구우면 타르트지가 딱딱해져요.

파트 브리제 반죽으로 만든 타르트지 | 브로콜리 소스 |

미리 준비하기 180℃로 예열한 오븐

파트 브리제 반죽을 만들어 냉장고에 넣는다. 타르트 틀에 반죽을 성형해서 넣고,
냉장고에서 15분 정도 휴지시킨 뒤 꺼내어 유산지를 깔고 누름돌을 넣는다.
180℃로 예열한 오븐에서 구워낸다(S−20분, M−25분). (24페이지 참고)

| 파트 브리제 반죽으로 만든 타르트지 **브로콜리 소스** |

미리 준비하기 소형 믹서기

1   냄비에 물을 넣은 뒤 끓으면 브로콜리와 소금을 넣어 살짝 데친다.
2   체에 밭쳐 물기를 뺀다. 타르트지 안에 넣을 브로콜리 5송이 정도를 미리 빼둔다.
3   볼에 브로콜리와 플레인요거트를 넣고 소형 믹서기로 간다.
4   간 파르메산치즈를 넣고 주걱으로 섞는다. •·················| 파르메산치즈는 수분 함량이 적어 잘게
5   소금, 후추, 넛맥을 넣고 주걱으로 섞는다.   쪼개거나 가루 형태로 만들어 사용해요.
                                                          파마산치즈라고도 부르지요.

1   2   3   3-1

4   4-1   5

미리 준비하기 180℃로 예열한 오븐

1   파트 브리제 반죽으로 구워낸 타르트지 안에 브로콜리 소스를
    만들 때 미리 데쳐놓은 브로콜리를 넘치지 않게 담는다.
2   브로콜리 소스를 2/3 정도 올리고 넘치는 부분을 정리한다.
3   180℃로 예열한 오븐에서 구워낸다(S−15분, M−20분).

1

2

2-1

3

피살라디에르타르트

피살라디에르는 프랑스 남부 지역 전통 요리로 일종의 양파 파이예요.
지중해에 인접해 있다 보니 블랙 올리브와 앤초비를 주재료로 사용하지요. 앤초비는 짠맛이 강해서
달달한 양파 볶음과 함께 먹으면 고소한 맛이 나요.

● ingredient(S−6개, M−2개)

속재료
양파 500g, 올리브유 30g,
소금 약간, 후추 약간

조립하기
앤초비 필레 6조각, 블랙 올리브 6개,
올리브유 1ts, 타임 1/2ts

● making point

파트 브리제 반죽으로 만든 타르트지	속재료	조립하기
60분 (굽기 S−20분, M−25분)	20분	30분 (굽기 S−15분, M−20분)

굽는 시간은 정확하게 지켜야 시간이 지나도
바삭한 식감을 유지할 수 있어요.

   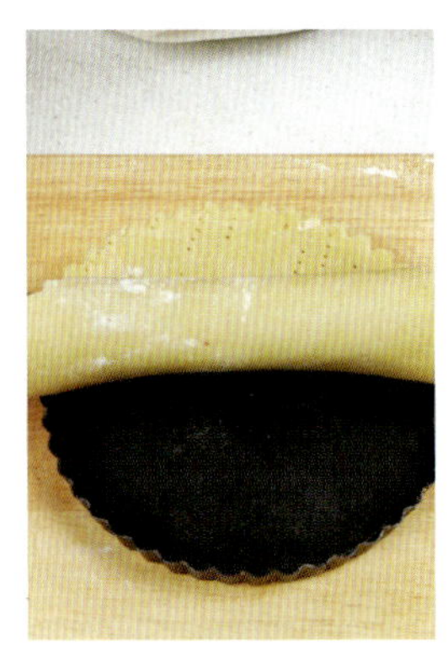 

| 파트 브리제 반죽으로 만든 타르트지 | 속재료 |

파트 브리제 반죽으로 만든 타르트지 | 속재료

미리 준비하기 180℃로 예열한 오븐

파트 브리제 반죽을 만들어 냉장고에 넣는다. 타르트 틀에 반죽을 성형해서 넣고,
냉장고에서 15분 정도 휴지시킨 뒤 꺼내어 유산지를 깔고 누름돌을 넣는다.
180℃로 예열한 오븐에서 구워낸다(S−20분, M−25분). (24페이지 참고)

| 파트 브리제 반죽으로 만든 타르트지 | **속재료** |

1   양파를 가늘게 채 썬다.
2   프라이팬에 올리브유를 두르고 양파를 넣는다.
3   센불에서 볶는다.
4   양파가 연갈색이 되면 중불로 줄여 물기가 없어질 때까지 볶는다.
    소금, 후추로 간을 한다.

| 1 | 2 | 2-1 | 3 | 4 |

미리 준비하기 180℃로 예열한 오븐

1 파트 브리제 반죽으로 구워낸 타르트지 안에 속재료를 가득 담는다.

2 넘치는 부분은 손으로 정리한다.

3 앤초비 필레를 올린다.
  짠맛을 싫어하면 앤초비 필레를 1개만 올려요.

4 블랙 올리브를 반으로 갈라 올린다.

5 볼에 올리브유와 타임을 넣고 섞는다. 타르트 위에 바른 뒤 180℃로
  예열한 오븐에서 구워낸다(S−15분, M−20분).

1

2

3

4

4-1

5

호박밥타르트

프랑스 남부 가정집에서 할머니가 만들어주셨던 가정식을 떠올리며 만들었어요.
줄리에뜨만의 특별한 레시피이지요. 쇠고기, 양파, 마늘, 호박 그리고 쌀을 넣은 뒤 오븐에 구워내요.
칼로리는 낮고 영양소는 풍부해 다이어트용으로도 그만이에요.

● ingredient(S—6개, M—2개)

속재료

쇠고기(갈은 것) 80g,
양파 1개, 마늘 1~2쪽, 호박(중간 크기) 1개,
쌀(씻어 30분간 불린 뒤 체에
미리 받쳐 놓는다) 50g,
물(쌀 불리는 용도) 60g, 올리브유 20g,
그뤼에르치즈 75g, 소금 약간, 후추 약간

조립하기

그뤼에르치즈 30g

● making point

파트 브리제 반죽으로 성형한 타르트지	속재료	조립하기
35분	40분	55분 (굽기 S—35분, M—45분)

생쌀을 사용해요. 타르트지에 넣어 굽기 때문에
지은 밥을 넣을 필요가 없어요.

모든 재료는 먹기 좋은 크기로 잘게 썰어요.

파트 브리제 반죽으로 성형한 타르트지 | 속재료 |

파트 브리제 반죽으로 성형한다. (24페이지 참고)

| 파트 브리제 반죽으로 성형한 타르트지 | **속재료** |

1 팬에 쇠고기 갈은 것을 넣고 살짝 볶는다.

2 양파와 마늘, 호박을 먹기 좋은 크기로 썬다.

3 쌀을 씻어 30분간 불려 체에 밭쳐놓는다.
    볼에 쌀과 볶은 쇠고기, 잘게 썬 양파, 마늘, 호박을 넣는다.

4 올리브유, 그뤼에르치즈를 넣고 잘 섞는다.
    소금, 후추를 넣어 간을 맞춘다.

1

조립하기

미리 준비하기 180℃로 예열한 오븐

1   파트 브리제 반죽으로 성형해둔 타르트지 안에 속재료를 가득 담는다.
2   그뤼에르치즈를 뿌린다. 180℃로 예열한 오븐에서 구워낸다(S−35분, M−45분).

2

FRENCH TART

정통식으로 격조 있게

몽블랑부터 베리벨벳. 배캐러멜까지.
프랑스 사람들에게 오랫동안 사랑 받은 정통 타르트를 만들어봅니다.
한국인 입맛에 맞게 재료의 양을 조절했지만
달콤하고 사르르 녹는 맛은 그대로예요.

IT'S THE REAL FRENCH STYLE

패션프루츠타르트

열대과일을 이용한 타르트는 어떨까요? 새콤달콤한 맛에 피부 미용에도 좋은
패션푸르츠가 딱이에요! 부드러운 비스퀴를 타르트지 위에 올리면
고소한 맛을 더할 수 있어요. 케이크뿐 아니라 아이스크림이나 요리 재료로도 사용해요.

● ingredient(S-10개, M-3개)

크렘 샹티
생크림(차가운 상태) 100g,
슈가파우더 7g

비스퀴
달걀노른자 2개, 설탕 50(25+25)g,
달걀흰자 2개, 밀가루(박력분) 50g

패션프루츠 머랭
설탕 240(180+60)g, 물 60g,
달걀흰자 120g, 패션프루츠즙 약간

바닐라 크림
판젤라틴 2잎(4g), 바닐라빈 1/2개,
우유 85g, 생크림(차가운 상태) 45g,
설탕 45(22+23)g, 달걀노른자 3개,
크렘 샹티 100g

패션프루츠 크림
젤라틴 4g,
패션프루츠즙(시판용 냉동제품) 100g,
설탕 150(75+75)g, 버터 100g,
달걀노른자 5개

조립하기
나파주, 설탕 시럽(시판용이나
설탕과 물을 섞어서 사용)

● making point

파트 쉬크레 반죽으로 만든 타르트지	크렘 샹티	바닐라 크림	비스퀴
75분(굽기 S-30분, M-40분)	5분	30분	25분(굽기 10분)

패션프루츠 크림	패션프루츠 머랭	조립하기
15분	15분	15분

패션푸르츠 머랭을 만들 때 온도를 맞추는 게 가장 중요해요.
시중에서 판매하는 패션프루츠즙을 사용해도 좋아요.

| **파트 쉬크레 반죽으로 만든 타르트지** | 크렘 샹티 | 바닐라 크림 | 비스퀴
| 패션프루츠 크림 | 패션프루츠 머랭 |

미리 준비하기 180℃로 예열한 오븐

파트 쉬크레 반죽을 만들어 냉장고에 넣는다. 타르트 틀에 반죽을 성형해서 넣고,
15분 정도 냉장고에 넣은 뒤 유산지를 깔고 누름돌을 넣는다. 180℃로 예열한 오븐에서 구워낸다.
(22페이지 참고)

| 파트 쉬크레 반죽으로 만든 타르트지 | **크렘 샹티** | 바닐라 크림 | 비스퀴
| 패션프루츠 크림 | 패션프루츠 머랭 |

미리 준비하기 믹서기

1   생크림을 넣고 크림화될 때까지 믹서기로 돌린다. 이때 생크림은 차가운 것을 사용한다.
2   몽글몽글해지면 슈가파우더를 넣고 섞는다.
3   볼을 꺼내어 주걱으로 한 번 더 가볍게 섞는다.

1   2   3

◉ **baking tip**

| 젤라틴

단백질의 일종으로 콜라겐을 물에 넣고 장시간 끓여 만들어요. 크림에 섞어 모양이나 단단함을 갖추기
위해 사용하지요. 실온에 두면 녹으니 밀폐용기에 담아 냉장보관하세요.

미리 준비하기 온도계, 얼음물

1 볼에 찬물을 담은 뒤 젤라틴을 넣고 불린다.

2 바닐라빈을 반으로 가른다.

3 씨 부분을 칼등으로 긁어낸다.

4 냄비에 우유와 바닐라빈을 넣는다.

5 다른 냄비에 생크림을 넣는다.

6 **4**와 **5**의 냄비에 설탕 22g을 11g씩 나누어 넣는다.

7 **4**와 **5**의 냄비를 동시에 센불에서 따로 끓인다.

8 거품이 나면 **4**와 **5**의 냄비를 섞어 센불에서 끓인다.

9 볼에 달걀노른자를 넣은 뒤 설탕 23g을 넣고 크림색이 될 때까지 거품기로 섞는다.

10 **8**을 **9**의 볼에 넣고 거품기로 섞는다.

11 35℃ 정도로 식으면 **1**의 불린 젤라틴을 넣는다.

12 얼음물에 올려 거품기로 섞으며 식힌다.

13 차가워지면 얼음물에서 꺼낸 뒤 주걱으로 크렘 샹티를 2~3번 나누어 넣는다.

14 크렘 샹티가 꺼지지 않도록 조심스럽게 주걱으로 섞는다. ●⋯⋯⋯⋯⋯⋯ 주걱으로 크림을 자르듯 섞은 뒤
둥글게 저어주면서 천천히 섞어요.

1 2 3 4 5 6

7 7-1 8 9 9-1 10

11 12 13 14 14-1

미리 준비하기 믹서기, 짤주머니, 원형 깍지, 유산지, 오븐 철판, 180℃로 예열한 오븐

1 볼에 달걀노른자를 넣고 거품기로 섞는다.

2 노른자가 다 풀리면 설탕 25g을 넣고 크림색이 될 때까지 거품기로 섞는다.

3 볼에 달걀흰자를 넣고 믹서기로 섞는다.

4 거품이 나면 설탕 25g을 2~3번 나누어 넣는다.

5 **2**의 볼에 밀가루를 체에 쳐서 넣는다.

6 거품기로 섞는다.

7 **4**를 1/3 정도 넣고 주걱으로 섞은 뒤 나머지 2/3도 넣어 가볍게 한 번 더 섞는다.

8 짤주머니에 원형 깍지를 끼워 **7**을 넣는다. 유산지를 깐 오븐 철판에 달팽이 모양으로 짠다.

9 180℃로 예열한 오븐에서 10분간 구워낸다.

| 파트 쉬크레 반죽으로 만든 타르트지 | 크렘 샹티 | 바닐라 크림 | 비스퀴 |

패션프루츠 크림 | 패션프루츠 머랭 |

미리 준비하기 온도계

1 볼에 찬물을 담은 뒤 젤라틴을 넣고 불린다.

2 냄비에 패션프루츠즙과 설탕 75g, 버터를 넣고 끓인다.
　│ 거품기로 가볍게 섞어도 좋아요.

3 볼에 달걀노른자를 넣고 거품기로 섞는다.

4 노른자가 풀리면 설탕 75g을 넣고 거품기로 섞는다.

5 **2**를 넣고 거품기로 재빨리 섞은 뒤 상온에서 35℃ 정도로 식힌다.

6 불린 젤라틴을 체에 밭쳐 물기를 뺀다.

7 **5**에 **6**을 넣고 거품기로 섞은 뒤 냉장고에서 식힌다.
　│ 바로 사용할 때는 상온에서 식히세요.

    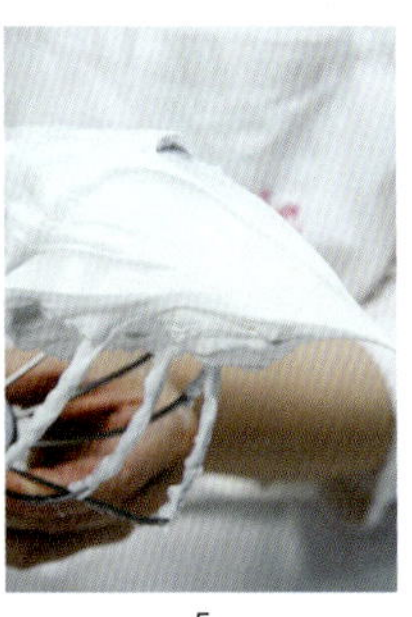

1   2   3   4   5

| 파트 쉬크레 반죽으로 만든 타르트지 | 크렘 샹티 | 바닐라 크림 | 비스퀴
| 패션프루츠 크림 | **패션프루츠 머랭** |

미리 준비하기 믹서기, 온도계

1 설탕 180g과 물을 냄비에 넣고 끓인다.
2 **1**이 105~110℃ 정도 되면 볼에 달걀흰자를 넣고 믹서기로 섞는다.
3 잔거품이 일면 설탕 60g을 2~3회 나누어 넣으며 계속 거품을 낸다.
4 **1**의 온도가 120℃까지 오르면 **3**에 조금씩 넣으며 거품을 낸다.
5 거품기에 크림이 새 부리 모양으로 뭉쳐나올 때까지 섞은 뒤 패션프루츠즙을
　 약간 넣고 다시 살짝 섞는다.

조립하기

미리 준비하기 별 깍지, 짤주머니

1 파트 쉬크레 반죽으로 구워낸 타르트지 안에 나파주를 바른다.
2 스패출러로 바닐라 크림을 얇게 펴 바른다.
3 얇게 구워놓은 비스퀴 양면에 설탕 시럽을 바른다.
4 **2** 위에 비스퀴를 올려 손가락으로 누른 뒤 스패출러로 바닐라 크림을 펴 바른다.
5 패션프루츠 크림을 가득 올려 냉장고에 넣어둔다.
6 패션프루츠 크림이 굳으면 냉장고에서 꺼낸다.
7 별 모양 깍지를 끼운 짤주머니에 패션프루츠 머랭을 넣은 뒤 가장자리에 물결 모양으로 두른다.

● baking tip

| 달걀

식감과 형태를 형성하는 기본 재료로 노른자와 흰자를 분리해서 사용해요. 노른자는 반죽을 할 때 수분 재료와 기름 성분이 잘 섞일 수 있게 도와줘요. 유화제 역할을 하는 레시틴이 함유되어 있기 때문이지요. 많은 양을 넣을 때는 한꺼번에 넣기보다 한 개씩 넣고 거품기로 충분히 섞어가며 반죽하세요. 흰자를 휘핑하면 거품 속으로 공기가 들어가 부피가 커져요. 휘핑한 달걀흰자를 반죽에 넣고 섞으면 폭신하고 부드러운 식감을 즐길 수 있어요.

1
2
3
4
4-1
5
6
7

피칸 소스
달걀 2개, 설탕 60g, 쌀엿 150g, 소금 4g,
버터(센불에 끓여서 사용) 50g

조립하기
호두, 피칸, 나파주, 슈가파우더

FRENCH TART 02

피칸타르트

피칸은 언뜻 보면 어둡고 거칠어 보이지만 맛은 고소하고 달콤해서 아이들이 좋아해요.
먹기 좋은 크기로 썰어 비닐에 담아놓고 아침 시간에 식사대용으로 활용해도 좋아요.

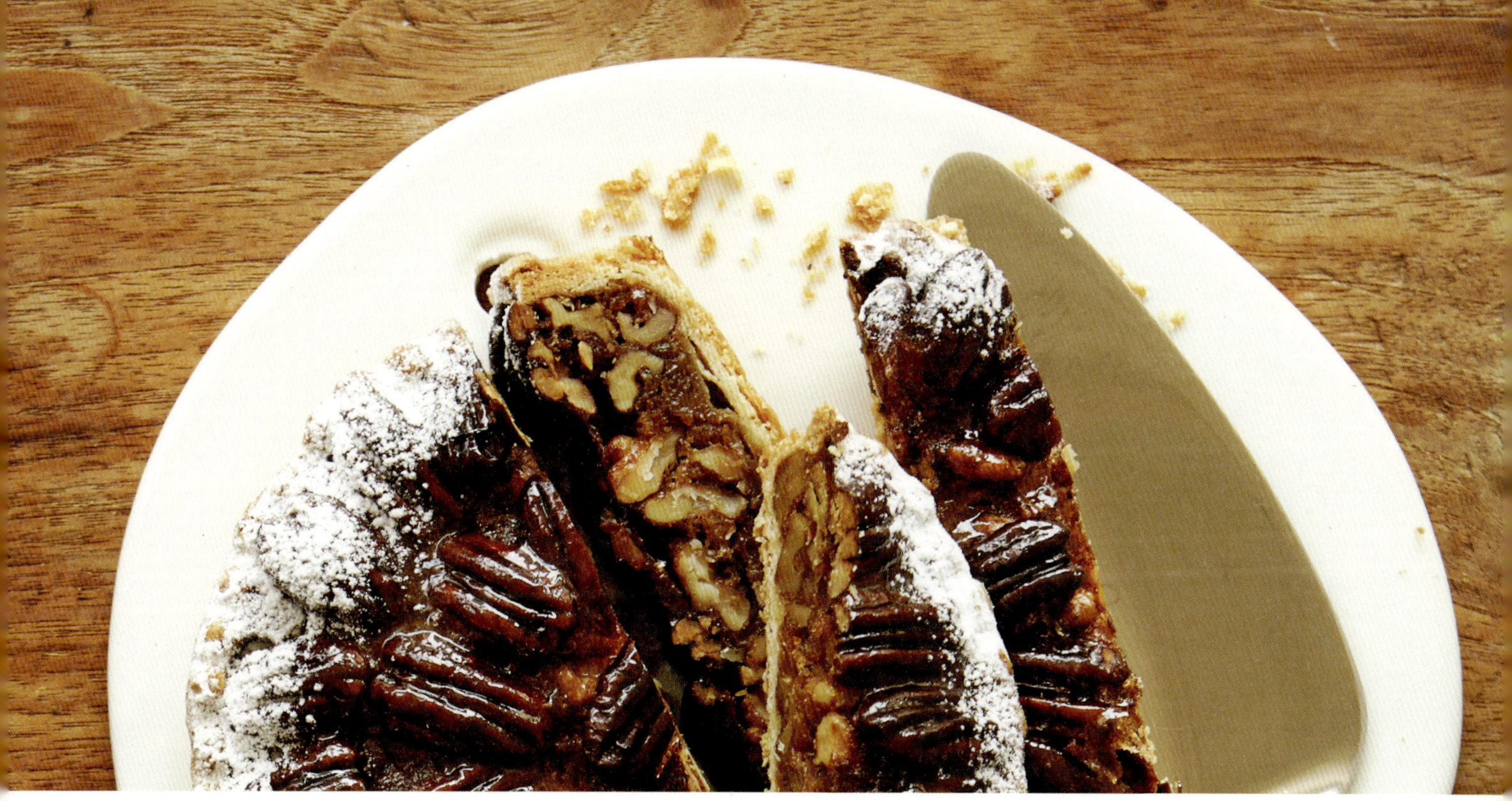

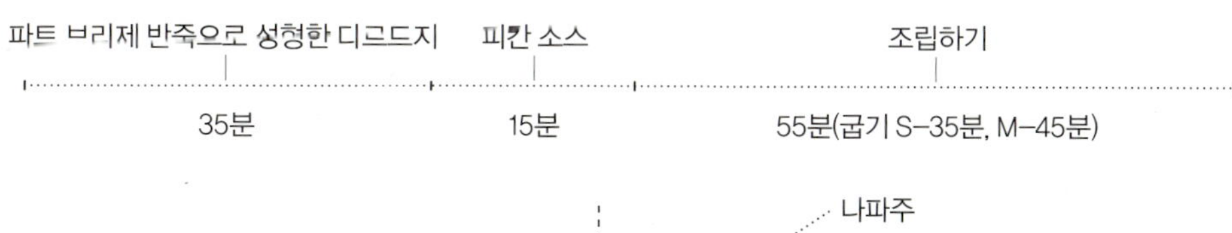

making point

파트 브리제 반죽으로 성형한 타르트지	피칸 소스	조립하기
35분	15분	55분(굽기 S-35분, M-45분)

피칸 소스에 달걀, 설탕, 쌀엿을 넣고 맛을 보세요. 조금 밋밋하면 소금을 넣어줘요.

피칸 소스를 만들 때 넣는 버터는 센불에 끓여서 사용해요. 중간에 미리 끓여놓아도 좋아요.

타르트지에 피칸을 넣은 뒤 피칸 소스를 2/3 정도만 담아요.

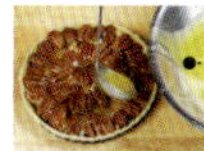

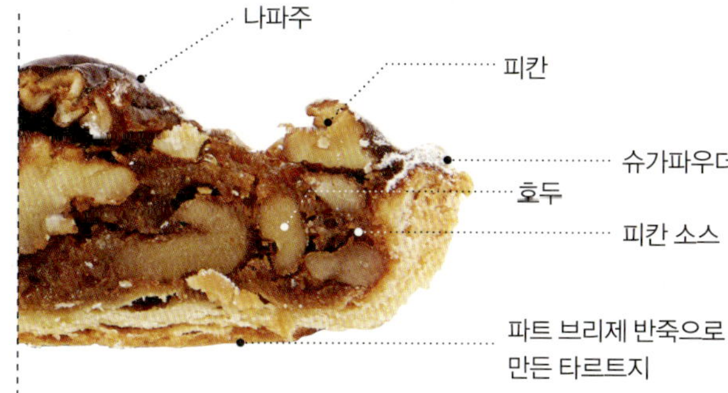

파트 브리제 반죽으로 성형한다. (24페이지 참고)

1   볼에 달걀을 넣고 거품기로 섞는다.
2   노른자가 풀어지면 설탕을 넣고 다 녹을 때까지 거품기로 섞는다.
    ㅣ 시간을 단축하고 싶다면 이 단계에서 미리 버터를 냄비에 넣고 센불에 끓여놓으세요.
3   쌀엿을 넣고 섞는다.
    ㅣ 쌀엿이 노른자와 잘 섞이지 않을 수 있으니 힘을 줘서 빨리 섞어야 해요.
4   소금을 넣고 섞는다.
5   버터를 넣고 섞는다. 이때 버터는 센불에 올려 거품이 날 때까지 끓인 것을 사용한다.

1   2   3   3-1

4   5

미리 준비하기 180℃로 예열한 오븐

1 파트 브리제 반죽으로 성형해둔 타르트지 안에 호두를 담는다.
피칸을 섞어도 좋다.

2 피칸을 동그랗게 올린다.

3 피칸 소스를 2/3정도만 담는다.
양이 너무 많으면 굽는 과정에서 넘쳐흐를 수 있어요.

4 180℃로 예열한 오븐에서 구워낸다(S−35분, M−45분).
완전히 식으면 틀에서 빼내 나파주를 바른다.

5 가장자리에 슈가파우더를 뿌린다.

1

2

2-1

3

4

5

티라미수타르트

진한 에스프레소를 그대로 머금은 촉촉한 스펀지와
이를 감싸고 있는 깊고 풍부한 마스카포네치즈크림의 환상적인 조화!
먹는 순간 기분이 절로 좋아져요. 진한 커피 맛을 느끼고 싶다면
버터크림에 인스턴트커피와 물을 넣고 섞어요.

이탈리안 머랭
설탕 120(90+30)g, 물 30g,
달걀흰자 60g, 레몬즙 약간

크렘 샹티
생크림(차가운 상태) 150g,
슈가파우더 10g

마스카포네치즈크림
마스카포네치즈(실온 상태) 400g,
이탈리안 머랭 100g,
크렘 샹티 150g

커피 시럽
에스프레소 70g,
시럽(설탕과 물을 1:1 비율로
섞어 끓인 것) 30g

커피 버터크림
설탕 30g, 물 10g,
달걀노른자 1개, 버터 45g,
커피 에센스(에스프레소) 약간,
레몬즙 약간

마롱 비스퀴
달걀노른자 2개,
달걀 전란 1/2개, 설탕 40g,
물 10g, 레몬즙 5g,
밀가루(박력분) 25g, 전분 10g,
버터(녹인 것) 약간

조립하기
카카오파우더

● making point

파트 쉬크레 반죽으로 만든 타르트지	이탈리안 머랭	크렘 샹티	마스카포네치즈크림
75분(굽기 S-30분, M-40분)	15분	5분	5분

커피 시럽	커피 버터크림	마롱 비스퀴	조립하기
2분	15분	20분(굽기 11분)	10분

이탈리안 머랭과 커피 버터크림을 만들 때 온도를 맞추는 게 가장 중요해요.
타르트지에 나파주 대신 커피 버터크림을 바르면 커피 맛이 강해지고
윤기가 생겨요.
마스카포네치즈크림은 3번에 나누어 발라요.

미리 준비하기 180℃로 예열한 오븐

파트 쉬크레 반죽을 만들어 냉장고에 넣는다. 타르트 틀에 반죽을 성형해서 넣고,
15분 정도 냉장고에 넣은 뒤 꺼내어 유산지를 깔고 누름돌을 넣는다.
180℃로 예열한 오븐에서 구워낸다. (22페이지 참고)

미리 준비하기 믹서기, 온도계

1   설탕 90g과 물을 냄비에 넣고 센불에서 끓인다.
2   **1**의 온도가 110℃ 정도 되면 볼에 달걀흰자를 넣고 믹서기로 섞는다.
3   잔거품이 일면 설탕 30g을 3~4번 나누어 넣으며 거품을 낸다.
4   **1**의 냄비 온도가 120℃까지 오르면 **3**의 볼에 조금씩 넣으며 거품을 낸다.
5   레몬즙을 넣는다.
6   거품기에 크림이 새 부리 모양으로 뭉쳐나올 때까지 거품을 낸다

    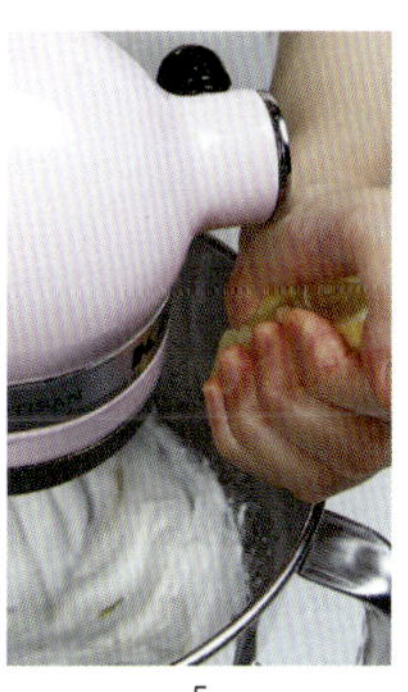 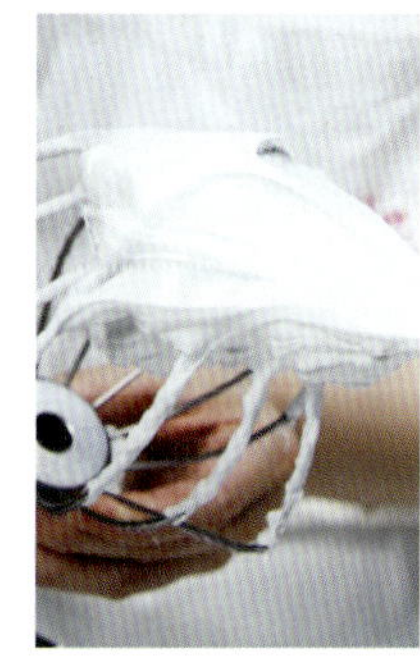

1   2   3   4   5   6

1   2   3

I 파트 쉬크레 반죽으로 만든 타르트지 I 이탈리안 머랭 I **크렘 샹티** I 마스카포네치즈크림
I 커피 시럽 I 커피 버터크림 I 마롱 비스퀴 I

미리 준비하기 믹서기

1   생크림을 넣고 크림화될 때까지 믹서기로 돌린다.
    이때 생크림은 차가운 것을 사용한다.
2   거품이 나면 슈가파우더를 넣는다.
3   볼을 꺼내어 주걱으로 다시 한 번 섞는다

I 파트 쉬크레 반죽으로 만든 타르트지 I 이탈리안 머랭 I 크렘 샹티 I **마스카포네치즈크림**
I 커피 시럽 I 커피 버터크림 I 마롱 비스퀴 I

미리 준비하기 믹서기

1   마스카포네치즈를 넣고 믹서기로 풀어준다.
2   이탈리안 머랭을 넣는다.
3   크렘 샹티를 넣고 믹서기로 섞는다.

1   2   3

ㅣ 파트 쉬크레 반죽으로 만든 타르트지 ㅣ 이탈리안 머랭 ㅣ 크렘 샹티
ㅣ 마스카포네치즈크림 ㅣ **커피 시럽** ㅣ 커피 버터크림 ㅣ 마롱 비스퀴 ㅣ

볼에 에스프레소를 담는다. 설탕과 물을 1:1 비율로 섞어 끓인 뒤 볼에 넣는다.
(시럽:에스프레소 = 1:2.3)

ㅣ 파트 쉬크레 반죽으로 만든 타르트지 ㅣ 이탈리안 머랭 ㅣ 크렘 샹티
ㅣ 마스카포네치즈크림 ㅣ 커피 시럽 ㅣ **커피 버터크림** ㅣ 마롱 비스퀴 ㅣ

미리 준비하기 믹서기, 온도계

1 냄비에 설탕과 물을 넣고 센불에서 끓인다.
2 볼에 달걀노른자를 넣고 크림색이 될 때까지 믹서기로 섞는다.
   1의 냄비가 120℃가 되면 볼에 조금씩 흘려 넣으며 빠르게 섞는다.
3 상온까지 식힌 뒤 버터를 조금씩 넣으며 섞는다.
4 맛을 보아가며 커피 에센스, 레몬즙을 넣는다.

1 1-1 2

3 4

미리 준비하기 믹서기, 오븐 철판, 180℃로 예열한 오븐

1   볼에 달걀노른자와 전란, 설탕을 넣고 믹서기로 섞는다.

2   크림색이 되면 물을 넣는다.

3   레몬즙을 넣는다.

4   밀가루와 전분을 체로 친다.

5   **3**의 볼에 넣고 주걱으로 섞는다.

6   오븐 철판에 버터를 바른 뒤 **5**를 붓는다. 이때 버터는 녹인 것을 사용한다.

   | 버터를 바르면 반죽이 눌어붙지 않고 맛도 더 고소해져요.

7   주걱으로 평평하게 편 뒤 180℃로 예열한 오븐에서 11분간 구워낸다.

1   2   3   4

5   6   6-1   7

⭕ baking tip

| 버터

고소한 식감과 부드러운 질감을 만드는 데 중요한 역할을 해요. 타르트를 만들 때는 소금이 들어가지 않은 무염버터를 사용하지요. 주로 실온 상태와 차가운 상태를 넣는데 버터를 손가락으로 눌러보았을 때 자국이 날 정도로 부드러우면 '실온 버터', 냉장고에서 바로 꺼낸 단단한 상태를 '차가운 버터'라고 해요. 실온 버터는 쿠키, 머핀, 파운드케이크와 같이 부드러운 식감의 제품을 만들 때 사용하고 페이스 트리 같이 바삭한 식감을 즐기고 싶다면 차가운 버터를 넣어요.

미리 준비하기 짤주머니, 원형 깍지

1 파트 쉬크레 반죽으로 구워낸 타르트지 안에 커피 버터크림을 바른다.
  | 커피 맛을 내고 타르트지를 코팅하는 역할을 해요.

2 마스카포네치즈크림을 1/3만 담는다.

3 마롱 비스퀴를 가로 4cm, 높이 1cm로 자른 뒤 커피 시럽을 듬뿍 적신다.

4 **2** 위에 올린다.

5 마스카포네치즈크림 1/3을 한 번 더 바른다.

6 짤주머니에 원형 깍지를 끼운 뒤 남은 치즈크림 1/3을 넣고 동그란 모양으로 짠다.

7 카카오파우더를 뿌린다.

1

2

3

4

5

6/7

몽블랑타르트

몽블랑은 프랑스어로 '하얀 산'이라는 뜻이에요. 산 모양을 표현하기 위해
몽블랑 시트를 넣어 봉긋 솟아오르게 했어요. 부드러운 마롱 크림과 마롱 비스퀴가 들어 있어
밤의 깊은 맛을 제대로 느낄 수 있지요.

ingredient(S-10개, M-3개)

크렘 샹티
생크림(차가운 상태) 300g,
슈가파우더 20g

마롱 비스퀴
달걀노른자 2개,
달걀 전란 1/2개, 설탕 40g,
물(좀 더 진하게 먹고 싶다면
물 대신 우유를 넣는다) 10g,
레몬즙 5g,
밀가루(박력분) 25g,
전분 10g, 버터(녹인 것) 약간

밤 다이스
생밤 100g, 흑설탕 25g, 백설탕 50g,
물 500(400+100)㎖

크렘 파티시에르
바닐라빈 1/2개, 우유 125g,
설탕 30(15+15)g, 달걀노른자 1개,
밀가루(박력분) 5g, 전분 5g

마롱 크림 A
마롱 페이스트 300g, 생크림(액체 상태)
50g, 크렘 샹티 100g

마롱 크림 B
크렘 파티시에르 200g,
마롱 페이스트 20g, 크렘 샹티 200g

버터크림
설탕 30g, 물 10g,
달걀노른자 1개, 버터 45g

조립하기
밤 시럽(밤 다이스를 끓인 물),
슈가파우더

making point

파트 쉬크레 반죽으로 만든 타르트지	크렘 샹티	마롱 비스퀴	밤 다이스
75분(굽기 S-30분, M-45분)	5분	20분(굽기 11분)	40분(조리기 30분)

크렘 파티시에르	마롱 크림 A	마롱 크림 B	버터크림	조립하기
15분	10분	10분	15분	10분

버터크림을 만들 때 온도를 맞추는 게 가장 중요해요.
밤 다이스는 조리 시간이 길기 때문에 반죽 또는 마롱 비스퀴를 만들기 전에 미리 조리해놓아도 좋아요.
밤 시럽은 밤 다이스를 끓인 물을 사용해도 좋으니 조금 덜어두세요
마롱 페이스트와 크렘 샹티, 생크림을 섞어 마롱 크림 A를, 마롱 페이스트와 크렘 샹티,
크렘 파티시에르를 섞어 마롱 크림 B를 만들어요.

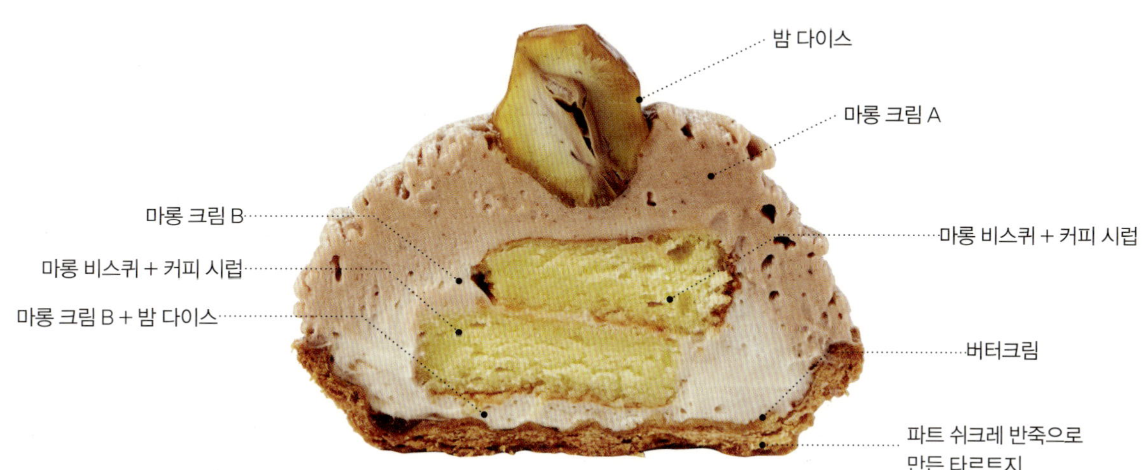

│ 파트 쉬크레 반죽으로 만든 타르트지 │ 크렘 샹티 │ 마롱 비스퀴
│ 밤 다이스 │ 크렘 파티시에르 │ 마롱 크림 A │ 마롱 크림 B │ 버터크림 │

미리 준비하기 180℃로 예열한 오븐

파트 쉬크레 반죽을 만들어 냉장고에 넣는다. 타르트 틀에 반죽을 성형해서 넣고,
15분 정도 냉장고에 넣은 뒤 꺼내어 유산지를 깔고 누름돌을 넣는다.
180℃로 예열한 오븐에서 구워낸다. (22페이지 참고)

│ 파트 쉬크레 반죽으로 만든 타르트지 │ **크렘 샹티** │ 마롱 비스퀴
│ 밤 다이스 │ 크렘 파티시에르 │ 마롱 크림 A │ 마롱 크림 B │ 버터크림 │

미리 준비하기 믹서기

1   생크림을 넣고 믹서기로 크림화될 때까지 돌린다.
    이때 생크림은 차가운 것을 사용한다.
2   몽글몽글해지면 슈가파우더를 넣고 섞는다.

1   2   2-1

ㅣ 파트 쉬크레 반죽으로 만든 타르트지 ㅣ 크렘 샹티 ㅣ **마롱 비스퀴**
ㅣ 밤 다이스 ㅣ 크렘 파티시에르 ㅣ 마롱 크림 A ㅣ 마롱 크림 B ㅣ 버터크림 ㅣ

미리 준비하기 믹서기, 오븐 철판, 180℃로 예열한 오븐

1   볼에 달걀노른자와 전란, 설탕을 넣고 믹서기로 섞는다.
2   크림색이 되면 물을 넣는다.
3   레몬즙을 넣고 섞는다.
4   밀가루와 전분을 체로 친 뒤 **3**의 볼에 넣고 주걱으로 섞는다.
5   오븐 철판에 버터를 바른다.
6   **4**를 붓고 주걱으로 평평하게 편 뒤 180℃ 예열한 오븐에서 11분간 구워낸다.

ㅣ 파트 쉬크레 반죽으로 만든 타르트지 ㅣ 크렘 샹티 ㅣ 마롱 비스퀴
ㅣ **밤 다이스** ㅣ 크렘 파티시에르 ㅣ 마롱 크림 A ㅣ 마롱 크림 B ㅣ 버터크림 ㅣ

1   냄비에 생밤과 흑설탕, 백설탕을 넣는다.
2   물 400㎖를 붓고 약 20분간 센불에서 끓이다가 중불로 줄여 물 100㎖를
    추가로 넣고 10분간 더 끓인 뒤 체에 밭쳐 식힌다.

미리 준비하기 랩

1 바닐라빈을 반으로 갈라 칼등으로 씨를 긁어낸다.

2 냄비에 우유와 바닐라빈, 설탕 15g을 넣고 센불에서 끓인다.

3 볼에 달걀노른자와 설탕 15g을 넣고 크림색이 될 때까지 거품기로 섞는다.

4 밀가루와 전분을 체에 친 뒤 **3**에 넣고 거품기로 섞는다.

5 **2**를 붓고 거품기로 섞는다.

6 냄비로 옮겨 담고 중불에서 밀가루가 익을 때까지 센불에서 끓인다.

7 불에서 내려 볼에 담은 뒤 랩을 씌워 식힌다.

ㅣ 크림에 랩을 공기가 들어가지 않게 딱 붙여놓아야 물기도 안 생기고 상하지 않아요.

1	2	2-1	2-2
3	4	4-1	5
5-1	6	7	7-1

1

2

3

4

4-1

| 파트 쉬크레 반죽으로 만든 타르트지 | 크렘 샹티 | 마롱 비스퀴 | 밤 다이스 |
| 크렘 파티시에르 | **마롱 크림 A** | 마롱 크림 B | 버터크림 |

미리 준비하기 믹서기

1   볼에 마롱 페이스트와 생크림을 넣는다. 이때 생크림은 액체 상태를 사용한다.
2   믹서기로 부드러워질 때까지 섞는다.
3   주걱으로 동그랗게 모은다.
4   크렘 샹티를 넣고 주걱으로 섞는다.

| 파트 쉬크레 반죽으로 만든 타르트지 | 크렘 샹티 | 마롱 비스퀴 | 밤 다이스 |
| 크렘 파티시에르 | 마롱 크림 A | **마롱 크림 B** | 버터크림 |

1   볼에 크렘 파티시에르와 마롱 페이스트를 넣고 주걱으로 섞는다.
2   크렘 샹티를 넣고 주걱으로 섞는다.
    믹서기로 섞은 뒤 주걱으로 한 번 더 섞으면 골고루 섞여요.

1

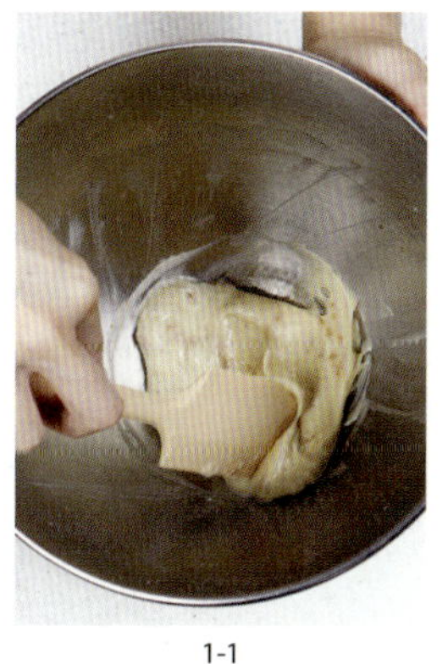

1-1

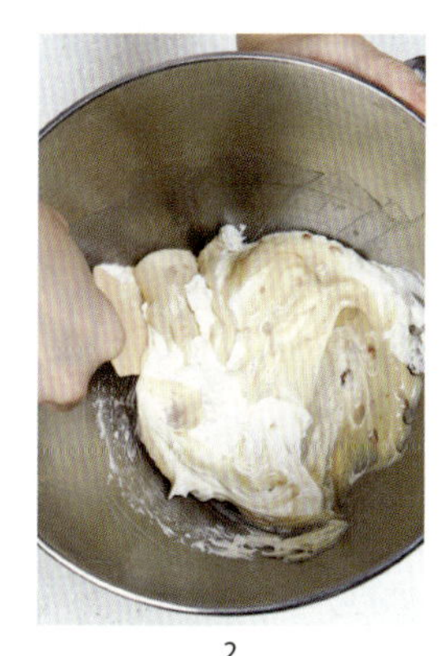

2

2-1

1   1-1   2   3

ㅣ 파트 쉬크레 반죽으로 만든 타르트지 ㅣ 크렘 샹티 ㅣ 마롱 비스퀴 ㅣ 밤 다이스
ㅣ 크렘 파티시에르 ㅣ 마롱 크림 A ㅣ 마롱 크림 B ㅣ **버터크림** ㅣ

미리 준비하기 믹서기, 온도계

1   냄비에 설탕과 물을 넣고 센불에서 끓인다.
2   볼에 달걀노른자를 넣고 크림색이 될 때까지 믹서기로 섞는다.
     1의 냄비가 120℃가 되면 조금씩 흘려 넣으며 계속 섞는다.
3   식어서 상온이 되면 버터를 3~4번 나누어 넣으며 섞는다.

조립하기

미리 준비하기 몽블랑 깍지, 짤주머니

1   파트 쉬크레 반죽으로 구워낸 타르트지 안에 버터크림을 바른다.
2   마롱 크림 B를 넣고 스패출러로 평평하게 펴준다.
3   밤 다이스를 잘게 썰어 올린다.
4   마롱 크림 B를 올린 뒤 밤 다이스가 보이지 않게 스패출러로 평평하게 펴 바른다.
5   마롱 비스퀴를 가로 4cm, 세로 4cm로 자른 뒤 밤 시럽을 바른다.
6   **4** 위에 올리고 마롱 크림 B를 덮은 뒤 스패출러를 이용하여 산 모양으로 다듬는다.
7   마롱 비스퀴를 가로 1cm, 세로 1cm로 자른 뒤 밤 시럽을 발라 **6** 위에 올린다.
8   **7**위에 마롱크림 B를 올린 뒤 스패출러로 펴 바른다.
9   몽블랑 깍지를 끼운 짤주머니에 마롱 크림 A를 넣고 산 모양을 따라 짠다.
     ㅣ 짤주머니 끝부분을 잘 여미어 잡고 타르트지 가장자리부터 짜요.
10   슈가파우더를 뿌린다.
11   꼭대기에 밤 다이스를 올린다.

1
2
2-1
3
4
4-1
5
6
6-1
6-2
7
8
8-1
9
10
11

베리벨벳타르트

화이트초콜릿 무스와 딸기를 넣어 벨벳 같은 부드러움을 전해주는 타르트.
담백하고 부드러워 프랑스에서 꾸준한 인기를 얻고 있어요.
크림 속에 숨어 있는 딸기를 찾는 재미가 더해져 입도 즐겁고 기분까지 좋아져요.

마롱 비스퀴

달걀노른자 2개,
달걀 전란 1/2개,
설탕 40g,
물(좀 더 진하게 먹고 싶다면
물 대신 우유를 넣는다) 10g,
레몬즙 5g,
밀가루(박력분) 25g,
전분 10g, 버터(녹인 것) 약간

크렘 샹티

생크림(차가운 상태) 300g
설탕 20g

크렘 바바로아

젤라틴 6g, 우유 250g,
설탕 60(30+30)g,
달걀노른자 4개,
크렘 샹티 200g

화이트초콜릿 무스

젤라틴 4g,
생크림 40g,
화이트초콜릿 100g,
크렘 샹티 100g

딸기 무스

화이트초콜릿 무스 100g,
딸기잼 28g,
라즈베리 15g

조립하기

나파주, 딸기,
설탕 시럽(시판용이나
설탕 100g과 물 100g을 넣고
끓여 식힌 뒤 키르쉬
10㎖를 섞어서 사용)

파트 사블레 반죽으로 만든 타르트지	마롱 비스퀴	크렘 샹티	크렘 바바로아
75분(굽기 S-30분, M-40분)	20분(굽기 11분)	5분	15분

화이트초콜릿 무스	딸기 무스	조립하기
10분	10분	15분

화이트초콜릿 무스를 만들 때 크렘 샹티는
무조건 차게 넣어야 크림화돼요.

미리 준비하기 180℃로 예열한 오븐

파트 사블레 반죽을 만들어 냉장고에 넣는다. 타르트 틀에 반죽을 성형해서 넣고,
15분 정도 냉장고에 넣은 뒤 타르트 틀에 넣고 유산지를 깔고 누름돌을 넣는다.
180℃로 예열한 오븐에서 구워낸다. (26페이지 참고)

미리 준비하기 믹서기, 오븐 철판, 180℃로 예열한 오븐

1 볼에 달걀노른자와 전란, 설탕을 넣고 믹서기로 섞는다.
2 크림색이 되면 물을 넣는다.
3 레몬즙을 넣고 섞는다.
4 밀가루와 전분을 체로 친다.
5 **3**의 볼에 넣고 주걱으로 섞는다.
6 오븐 철판에 버터를 바른 뒤 **5**를 붓는다.
7 주걱으로 평평하게 편 뒤 180℃ 예열한 오븐에서 11분간 구워낸다.

 1
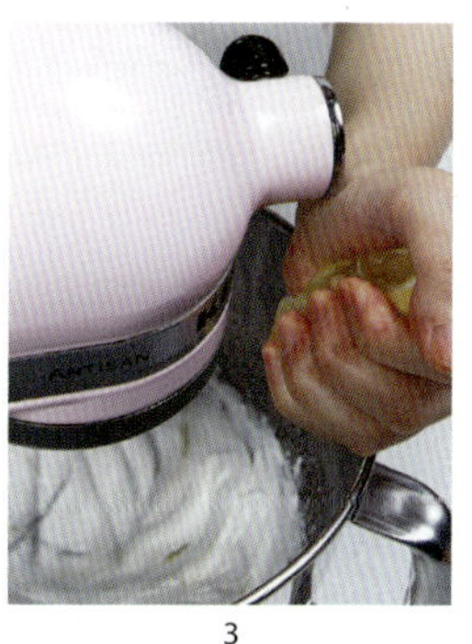 2
 3
 4
5

 6
 6-1
 7

| 파트 사블레 반죽으로 만든 타르트지 | 마롱 비스퀴 | **크렘 샹티**
| 크렘 바바로아 | 화이트초콜릿 무스 | 딸기 무스 |

미리 준비하기 믹서기

생크림과 설탕을 넣고 크림화될 때까지 믹서기로 돌린다.
이때 생크림은 차가운 것을 사용한다.

| 파트 사블레 반죽으로 만든 타르트지 | 마롱 비스퀴 | 크렘 샹티 | **크렘 바바로아**
| 화이트초콜릿 무스 | 딸기 무스 |

미리 준비하기 온도계

1 볼에 찬물을 담고 젤라틴을 넣어 불려 30분 뒤 체에 받쳐 물기를 뺀다.
2 냄비에 우유와 설탕 30g을 넣고 센불에서 끓인다.
3 볼에 달걀노른자와 설탕 30g을 넣고 크림색이 될 때까지 거품기로 섞는다.
4 **3**의 볼에 **2**를 넣고 섞는다.
5 체에 내려 35℃ 정도로 식힌다.
6 젤라틴 불린 것을 넣고 거품기로 섞는다.
7 크렘 샹티를 넣고 섞는다.

미리 준비하기 티슈

1 젤라틴을 찬물에 넣고 불린 뒤 체에 밭쳐 물기를 뺀다.
2 티슈로 물기를 제거한다.
3 냄비에 생크림을 넣고 센불에서 끓인다.
4 가장자리가 끓으며 거품이 나면 불에서 내려 10분 정도 식힌 뒤 **1**의 젤라틴을 넣고
  주걱으로 섞는다.
5 볼에 화이트초콜릿을 넣고 **4**를 붓는다.
6 주걱으로 섞으며 식힌다.
7 크렘 샹티를 2∼3번 나누어 넣으며 주걱으로 섞는다.

1	2	3	4
4-1	5	6	7
7-1	7-2	7-3	

미리 준비하기 믹서기

1　볼에 화이트초콜릿 무스와 딸기잼을 넣는다.
2　라즈베리를 잘게 부셔서 넣고 믹서기로 섞는다.

  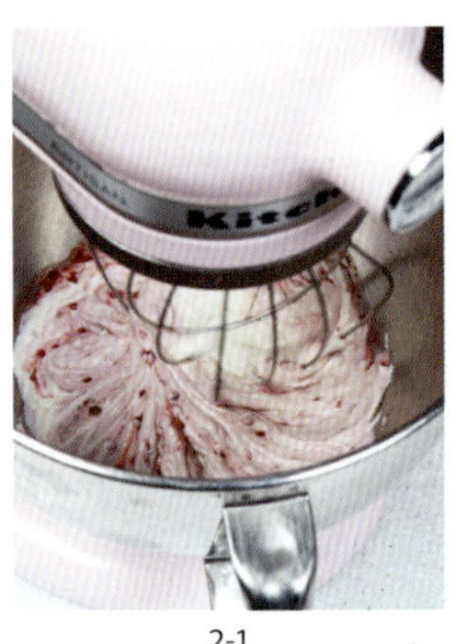

1　　　　　　　2　　　　　　　2-1

조립하기

미리 준비하기 별 깍지, 몽블랑 깍지. 짤주머니 2개

1　파트 사블레 반죽으로 구워낸 타르트지 안에 나파주를 바른다.
2　크렘 바바로아를 담는다.
3　딸기를 1/4등분한다.
4　2에 올린다.
5　딸기가 보이지 않도록 크렘 바바로아를 바른다.
6　마롱 비스퀴를 가로 4cm, 세로 4cm로 자른 뒤 설탕 시럽을 바른다.
7　5에 올린다.
8　크렘 바바로아를 비스퀴를 감싸듯이 한 번 더 바른다.
9　딸기를 나파주에 넣었다 뺀다.
10　8에 올린다.
11　별 깍지를 끼운 짤주머니에 딸기 무스를 넣어 타르트지 둘레를 따라 짠다.
12　몽블랑 깍지를 끼운 짤주머니에 화이트초콜릿 무스를 넣어 한 번 더 짠다.

○ baking tip

ㅣ 나파주

타르트지나 과일에 광택을 내고 과일의 산화, 건조를 방지해 보관 기간을 늘려줘요.
그냥 바르면 뭉칠 수 있으니 붓에 발라 사용해요.

배캐러멜타르트

배캐러멜타르트는 수분이 많은 재료와 소스가 올라가기 때문에
타르트지를 먼저 구워낸 뒤 캐러멜 푸딩을 넣고 굽는 게 중요해요.
프랑스에서는 피크닉 디저트로 잘 알려져 있지요. 아몬드, 건과일 등을 취향에 따라 올려 먹어도 좋아요.

⬤ ingredient(S—10개, M—3개)

캐러멜 푸딩

바닐라빈 1줄기, 우유 250g,
달걀노른자 3개,
설탕 130(30+100)g,
전분 50g, 버터 50g

조립하기

배(통조림) 1과 1/2통,
초콜릿,
슈가파우더

⬤ making point

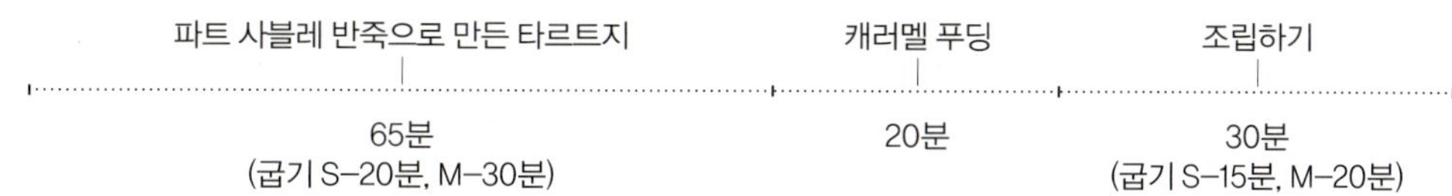

파트 사블레 반죽으로 만든 타르트지	캐러멜 푸딩	조립하기
65분 (굽기 S—20분, M—30분)	20분	30분 (굽기 S—15분, M—20분)

타르트지에 배와 캐러멜 푸딩을 넣고 오븐에서 구운 뒤
초콜릿과 슈가파우더로 장식하세요.

미리 준비하기 180℃로 예열한 오븐

파트 사블레 반죽을 만들어 냉장고에 넣는다. 타르트 틀에 반죽을 성형해서 넣고,
15분 정도 냉장고에 넣은 뒤 타르트 틀에 넣고 유산지를 깔고 누름돌을 넣는다.
180℃로 예열한 오븐에서 구워낸다(S−20분, M−30분). (26페이지 참고)

| 파트 사블레 반죽으로 만든 타르트지 | **캐러멜 푸딩** |

1   바닐라빈을 반으로 갈라 칼등으로 씨를 빼낸다.

2   냄비에 우유와 바닐라빈을 넣고 센불에서 끓인다.

3   볼에 달걀노른자와 설탕 30g, 전분을 넣는다.

4   크림색이 될 때까지 거품기로 섞는다.

5   예열된 다른 냄비에 설탕 100g을 넣고 약불에서 끓인다.

6   연기가 나면서 갈색으로 변하면 버터를 넣고 주걱으로 섞는다.

7   **4**의 볼에 **2**를 1/2 넣고 거품기로 섞는다.

8   **6**의 냄비에 **2**를 1/2 넣고 주걱으로 섞는다.

9   **7**의 볼에 **8**을 넣고 거품기로 섞는다.

미리 준비하기 180℃로 예열한 오븐

1   배를 3등분한다.
2   파트 사블레 반죽으로 구워낸 타르트지 안에 배를 가득 담는다.
3   캐러멜 푸딩을 가득 떠 담는다. 180℃로 예열한 오븐에서 구워낸
    뒤(S-15분, M-20분) 차갑게 식힌다.
4   타르트지 테두리에 초콜릿을 둥글게 올린다.
5   슈가파우더를 뿌린다.

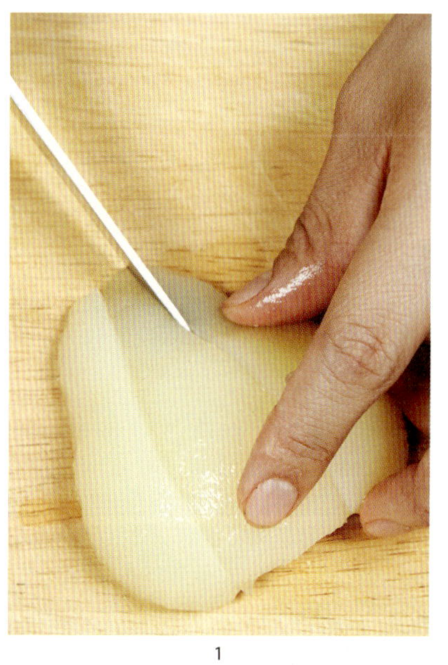

1

2

3

4

5

5-1

SWEETS

남은 재료를 활용해서

타르트를 만들 때 남는 재료는 거의 비슷합니다.
달걀, 반죽, 버터, 설탕····.
이 재료를 활용해 만들 수 있는 디저트 레시피를 소개합니다.

MORE SWEET! MORE DELICIOUS!

SWEETS 01
몰레시즈 쿠키
웰빙이 대세인 요즘, 섬유질과 미네랄이 풍부한 당밀로 쿠키를 만들어요.
반죽을 원통 모양으로 굴린 뒤 썰어서 공 모양으로 비벼요. 설탕을 묻혀 오븐에 구우면 완성!
색은 화려하지 않지만 안심하고 먹을 수 있는 홈메이드 건강 쿠키예요.

● ingredient(30개)

버터(상온 상태) 80g,
황설탕 80g,
몰레시즈 30g,
달걀 1개, 밀가루(박력분) 125g,
베이킹소다 1Ts,
소금 1/4ts,
시나몬가루 2ts

● making point

반죽	굽기
10분	7분

반죽은 비닐에 싸서
냉장고에서 휴지시켜요.

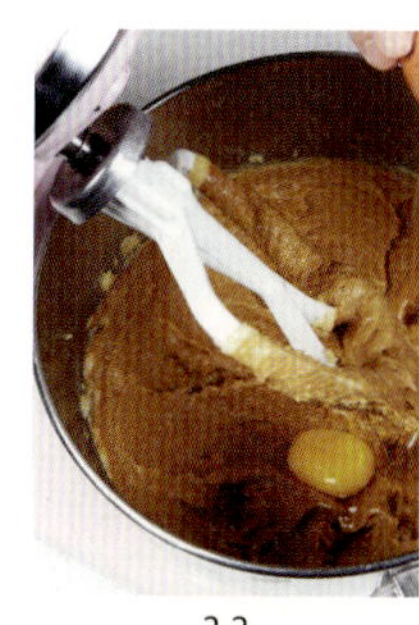

1 2 2-1 2-2

3 3-1 4 5

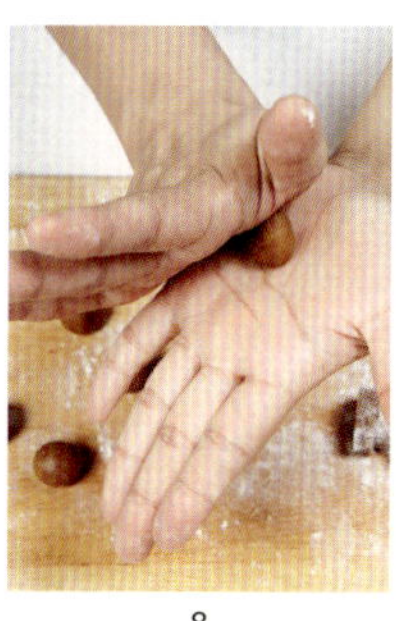

6 7 8 9

만들기

미리 준비하기 믹서기, 비닐, 유산지, 오븐 철판, 170℃로 예열한 오븐

1 볼에 버터를 넣고 믹서기로 섞는다.

2 황설탕, 몰레시즈, 달걀을 넣고 섞는다.

3 밀가루, 베이킹소다, 소금, 시나몬가루를 체에 친 뒤 **2**의 볼에 넣고 주걱으로 섞는다.

4 주걱으로 한 덩어리로 뭉친 뒤 비닐로 싸 냉장고에서 3~4시간 휴지시킨다.

5 반죽을 90g씩 잘라 4등분 한다.

6 도마에 밀가루를 뿌린 뒤 반죽을 올리고 원통 모양(지름 2cm)으로 굴린다.

7 도마에 유산지를 깔고 그 위에 반죽을 올린다. 돌돌 말아 냉동실에 30분 정도 넣어 굳힌 뒤
   꺼내어 0.5cm 두께로 썬다.
   | 유산지 대신 비닐을 깔아도 좋아요.

8 하나씩 손바닥 위에 올려 양손으로 비비며 공 모양을 만든다.

9 황설탕을 넣은 볼에 **8**을 넣고 흔들며 설탕가루를 묻힌다. 오븐 철판 위에 약 4~5cm 간격으로
   올린다. 170℃로 예열한 오븐에 7분간 구워낸다.

튀일

기와 모양의 타원형 곡선이 눈길을 사로잡죠. 프랑스어로 '기와'를 뜻하는 튀일은
얇아서 손으로 만지면 금방이라도 바스러질 듯 바삭하게 구운 쿠키예요. 냄새도 맛도 고소해 어른 아이 모두 좋아한답니다.
코코넛 슬라이스를 올려 만들어도 맛있어요.

● ingredient(30개)

달걀 2개,
설탕 125g,
아몬드 슬라이스 110g,
밀가루(박력분) 50g,
버터 40g

● making point

반죽	굽기
10분	7분

실리콘 페이퍼나 유산지에
원하는 크기의 원을 그린 뒤
그 원에 맞춰 반죽을 올려요.

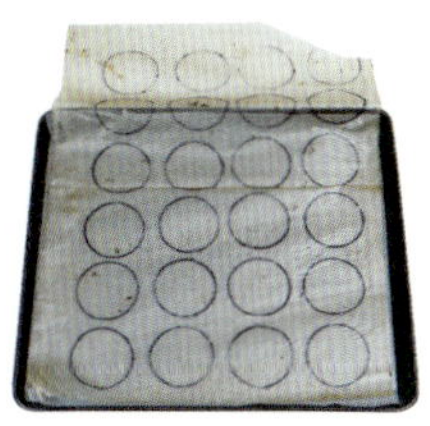

1

2

3

4

5

6

7

9

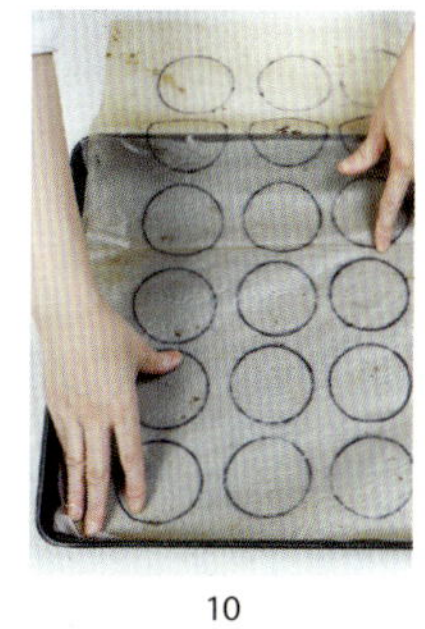
10

11

12

만들기

미리 준비하기 유산지, 오븐 철판, 170℃로 예열한 오븐

1   볼에 달걀을 넣고 거품기로 섞는다.
2   설탕을 넣고 거품기로 섞는다.
3   새 볼에 아몬드 슬라이스와 밀가루를 넣는다.
4   손으로 버무린다.
5   **2**를 **4**의 볼을 넣는다.
6   아몬드 슬라이스가 부스러지지 않게 주걱으로 섞는다.
7   냄비에 버터를 넣고 센불에서 끓인다.
8   거품이 일면 **6**의 볼에 넣는다.
9   주걱으로 섞는다.
10 넓은 유산지에 1ts 크기의 원을 그린 뒤 오븐 철판 위에 깐다.
    실리콘 페이퍼를 사용해도 좋아요.
11 숟가락으로 반죽을 떠서 원에 맞춰 올린다.
12 포크에 물을 묻혀 납작하고 동그랗게 누르며 모양을 잡은 뒤
    170℃로 예열한 오븐에서 7분간 구워낸다.

오렌지롤

만들기 쉽고 영양가 높은 메뉴를 몇 가지 알고 있으면
다양한 홈 베이킹을 즐길 수 있어요. 오렌지롤도 그중 한 가지. 면역력과 피부 미용에도 좋고,
향긋한 오렌지 향이 코끝을 자극해요.

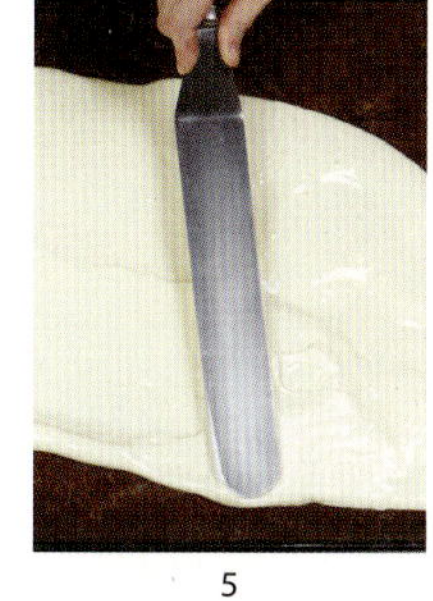

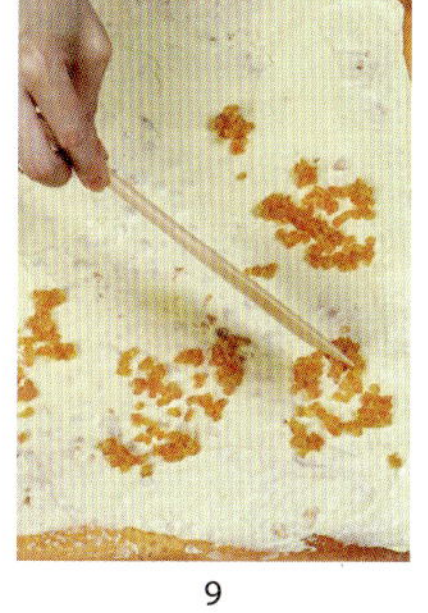

9
10
11

○ ingredient(1롤)

달걀노른자 5개, 설탕 50g,
물 15g, 레몬즙 5g,
밀가루(박력분) 30g, 전분 11g
오렌지 시럽 50g,
오렌지 무슬린 100g,
오렌지필 70g,
생크림(휘핑된 상태) 150g, 시럽

○ making point

반죽	굽기	조립하기
10분	11분	20분

구워낸 반죽의 노릇노릇한 면에
속재료를 올려요.

만들기

미리 준비하기 믹서기, 오븐 철판, 실리콘 페이퍼, 180℃로 예열한 오븐, 유산지

1 볼에 달걀노른자, 설탕을 넣고 섞는다. 이때 달걀노른자는 거품기로 미리 섞어둔다.

2 **1**의 볼에 물, 레몬즙을 볼에 넣고 섞는다.

3 밀가루, 전분을 체에 친 뒤 볼에 넣고 섞는다.

4 오븐 철판에 실리콘 페이퍼를 깔고 반죽을 붓는다.

5 스패출러로 평평하게 펴준 뒤 180℃로 예열한 오븐에서 11분간 구워낸다.

6 구워낸 반죽에 붙은 실리콘 페이퍼를 떼어낸 뒤 유산지를 깔고 구워진 면이 보이게 반죽을
   올린다.

7 오렌지 시럽을 바른다.

8 오렌지 무슬린을 얇게 펴 바른다. •·········· 자몽 무슬린을 만드는 방법과 같아요.
   단, 자몽즙 대신 오렌지즙을 넣어요.

9 오렌지필을 드문드문 뿌린다.

10 생크림을 스패출러로 펴 바른다.

11 반죽을 1/3정도 만 뒤 유산지와 함께 만다. 냉동실에 넣어 굳혀 썬 뒤 시럽과
   오렌지 무슬린을 펴 바른다.

다쿠아즈롤

달걀흰자로 롤을 만들어봐요.
반죽 위에 과일, 생크림, 초코크림을 올리고 돌돌 말아요.
냉동실에 굳힌 뒤 썰어 한 입 베어 물면
입 안에서 사르르 녹는 크림이 포인트!
겉은 소박하지만 단면의 색이 무척 예뻐서 먹기 아까울 정도예요.

미리 준비하기 믹서기, 실리콘 페이퍼, 오븐 철판, 170℃로
예열한 오븐, 유산지

1 볼에 달걀흰자를 넣고 설탕을 2~3회 나누어 넣으며 믹서기로 섞는다.
2 아몬드파우더, 슈가파우더, 밀가루, 바닐라가루를 체에 친다.
3 **1**의 볼에 2~3회 나누어 넣으며 주걱으로 섞는다.
4 오븐 철판을 세로로 놓고 실리콘 페이퍼를 깐 뒤 반죽을
　중앙에 붓는다.
　ㅣ유산지를 깔아도 좋아요.
5 스패출러로 평평하고 고르게 편다.
6 슈가파우더를 뿌린다.
7 아몬드 슬라이스를 뿌린다.
8 170℃로 예열한 오븐에 11분간 구워낸다.
9 구워낸 반죽 위에 유산지를 깐 뒤 반죽과 유산지를 겹쳐 잡고
　뒤집는다.
10 붙어 있는 실리콘 페이퍼를 떼어낸다.
11 시럽을 바른다.
12 버터크림을 얇게 펴 바른다.
13 초코크림을 얇게 펴 바른다.
14 과일을 적당한 크기로 잘라 드문드문 올린다.
15 생크림을 올리고 스패출러로 펴준다. 이때 생크림은
　휘핑된 상태를 사용한다.
16 맨 끝에서부터 차곡차곡 천천히 만다.
17 중간쯤부터 바닥에 깔아놓았던 유산지도 함께 만다.
18 냉동실에 넣어 굳힌 뒤 썬다.

○ ingredient(1롤)

달걀흰자 300g, 설탕 80g,
아몬드파우더 140g, 슈가파우더 100g,
밀가루(박력분) 60g, 바닐라가루,
아몬드 슬라이스 15g
시럽 50g, 버터크림 100g,
초코크림 100g,
과일(살구나 복숭아 통조림,
서양배 통조림, 블루베리, 라즈베리),
생크림(휘핑된 상태) 125g

○ making point

반죽	굽기	조립하기
10분	11분	20분

속재료는 구워낸 반죽 위에 올려요.
단단해질 때까지(1시간 이상) 냉동하는
게 좋아요.

2

3

3-1

4

5

6

7

8

9

9-1

9-2

10

11

12

13

14

14-1

15

15-1

16

17

17-1

18

초코오렌지필 & 건과일 파운드케이크

색도 맛도 다른 두 가지 파운드케이크. 방법은 같지만 건과일, 견과류, 초콜릿 등
부재료를 바꿔 색다른 느낌으로 만들 수 있어요. 오렌지필 파운드케이크에 카카오파우더를 넣어서 초코맛과 향을 더하고,
럼에 절인 건과일로 또 하나의 파운드케이크를 만들어요. 달지 않고 담백해서 자꾸 손이 가요.

1   2   3

4   5   5-1

● ingredient(각 4개)

초코오렌지필 파운드케이크

버터 150g, 슈가파우더 150g,
바닐라슈가 50g,
달걀 2개, 밀가루(박력분) 160g,
카카오파우더 30g,
베이킹파우더 6g, 바닐라가루 5g,
오렌지필 80g, 나파주

건과일 파운드케이크

버터 150g, 슈가파우더 150g,
바닐라슈가 50g, 달걀 2개,
밀가루(박력분) 180g, 베이킹파우더 6g,
건과일 80g + 럼 5g, 나파주

● making point

반죽	굽기
15분	26분

건과일은 미리 럼에 재워두세요.

반죽을 만들 때 필요한 달걀 2개를
한 번에 넣는 게 아니라 먼저 한 개를 넣어
믹서기로 섞고, 반죽이 부드러워지면
남은 한 개를 넣어요.

초코오렌지필 파운드케이크

미리 준비하기 믹서기

1   볼에 버터와 슈가파우더, 바닐라슈가를 넣고 믹서기로 섞는다.
2   달걀 1개를 넣고 섞는다.
3   크림색이 되면 달걀 1개를 더 넣고 믹서기로 섞는다.
4   밀가루, 카카오파우더, 베이킹파우더를 체에 쳐서 볼에 넣는다.
5   믹서기로 섞은 뒤 오렌지필을 넣고 주걱으로 섞는다.

굽기

미리 준비하기 오븐 사각 틀(6.5cm×14cm), 175℃로 예열한 오븐

1   오븐 사각 틀(6.5cm×14cm)에 버터를 바른다.
2   주걱으로 반죽 양끝이 올라오게 정리한다.
3   175℃로 예열한 오븐에 26분 정도 구워낸다.
4   오븐에서 꺼낸 뒤 곧바로 틀에서 빼내 식혀 나파주를 바른다.
    오렌지필을 젓가락으로 올린다.

1   2   3   4

건과일 파운드케이크

미리 준비하기 믹서기

1　볼에 버터와 슈가파우더, 바닐라슈가를 넣고 믹서기로 섞는다.
2　달걀 1개를 넣고 섞는다.
3　크림색이 되면 달걀 1개를 더 넣고 믹서기로 섞는다.
4　밀가루, 베이킹파우더를 체에 친다.
5　볼에 넣고 주걱으로 섞는다.
　　│ 반죽이 질면 박력분 10g을 더 넣으세요.
6　믹서기로 한 번 더 섞은 뒤 럼에 넣어둔 건과일을 볼에 넣고 주걱으로 섞는다.

● baking tip

│ 밀가루

단백질 함유량이 6.5~8%면 박력분, 8~9%면 중력분, 11.5~12.5%는 강력분이라고 불러요. 단백질에 물, 우유와 같은 수분 재료를 섞으면 글루텐이 형성되는데, 글루텐은 빵 특유의 쫄깃쫄깃한 식감을 주고 반죽을 밀거나 필 때 끊어지지 않게 해줘요. 쫄깃한 식감을 느끼고 싶다면 단백질 함유량이 높은 강력분을 사용하고, 바삭한 타르트지나 부드러운 케이크를 만들 때는 박력분을 넣어요.

미리 준비하기 오븐 사각 틀(6.5cm×14cm), 175℃로 예열한 오븐

1   오븐 사각 틀(6.5cm×14cm)에 버터를 바른다.

     틀에 버터를 발라놓으면 구웠을 때 케이크가 틀에서 잘 분리돼요.

2   주걱으로 반죽 양끝이 올라오게 정리한다.

3   175℃로 예열한 오븐에 26분 정도 구워낸다.

4   오븐에서 꺼낸 뒤 곧바로 틀에서 빼내 식힌 뒤 나파주를 바른다.

5   건과일을 젓가락으로 올린다.

1
2
2-1
3
4
5
5-1

줄리에뜨에서
가장 사랑받는 타르트와
아직 공개하지 않은 레시피까지
아낌없이 담았습니다.
사진 속에는 타르트를 만들고
즐기는 순간도 담으려 노력했어요.
이 책을 통해
좋은 사람과 함께 나누는
기쁨까지 누렸으면 합니다.

prends le temps!
여유롭게!

지 금 은.　　줄리에뜨의 타르트 타임

1판 1쇄 인쇄 2016년 2월 15일
1판 1쇄 발행 2016년 2월 25일

지은이 장진숙
발행인 김재호 | **출판편집인 · 출판국장** 박태서 | **출판팀장** 이기숙

기획 · 편집 정세영 | **아트디렉터 · 디자인** 최진이
사진 홍중식 | **스타일링** 레몬밤
교정 조창원 | **마케팅** 이정훈 · 정택구 · 박수진
펴낸곳 동아일보사 | **등록** 1968.11.9(1-75) | **주소** 서울시 서대문구 충정로 29(03737)
마케팅 02-361-1030~3 | **팩스** 02-361-1041 | **편집** 02-361-0936
홈페이지 http://books.donga.com | **인쇄** 삼성문화인쇄

저작권 ⓒ2016 장진숙
편집저작권 ⓒ2016 동아일보사

ISBN 979-11-87194-03-3 13590 | **값** 14,800원